不一样的数学故事

少军 米吉卡 张秀丽 主编

龚房芳 著

山东教育出版社

图书在版编目（CIP）数据

不一样的数学故事．AR 动画视频书．4/ 少军，米吉卡，张秀丽主编．—济南：山东教育出版社，2018

ISBN 978-7-5701-0420-8

Ⅰ．①不… Ⅱ．①少… ②米… Ⅲ．①数学－少儿读物 Ⅳ．① O1-49

中国版本图书馆 CIP 数据核字（2018）第 223508 号

BU YIYANG DE SHUXUE GUSHI AR DONGHUA SHIPIN SHU　4

不一样的数学故事AR动画视频书 4　　龚房芳/著

主管单位：山东出版传媒股份有限公司
出 版 人：刘东杰
出版发行：山东教育出版社
地　　址：济南市纬一路321号　　邮编：250001
电　　话：（0531）82092664
网　　址：www.sjs.com.cn
印　　刷：济南龙玺印刷有限公司
版　　次：2018年10月第1版
印　　次：2018年10月第1次印刷
开　　本：710mm × 1000mm　1/16
印　　张：9.75
印　　数：1–5000
字　　数：60千
定　　价：30.00元

如印装质量有问题，请与印刷厂联系调换。印厂电话：0531－86027518

怪怪老师

性格：自称来自外太空最聪明最帅的一个种族（不过没人相信）。拥有神奇的能力，比如时空转移、与动物沟通、隐身等。他带领同学们告别枯燥的教室，在数学世界里展开一段又一段奇妙的魔幻探险。

星座：文武双全的双子座

爱好：星期三的午后，喝一杯自制的“星期三么么茶”。

性格：鬼马小精灵，班里的淘气包。除了学习不好，其余样样行。喜欢恶作剧，没一刻能安静下来，总是状况百出。不过，也正是因为有了他这样的开心果，大家才能欢笑不断。

星座：调皮好动的射手座

爱好：上课的时候插嘴；当怪怪老师的跟屁虫。

皮豆

性格：乖巧漂亮的甜美女生，脾气温柔，讲话细声细气。爱心大爆棚，喜欢小动物，酷爱吃零食。男生们总是抢着帮她拎东西、买零食，是班里的小女神。

星座：喜欢臭美的天秤座

爱好：一切粉红色的东西，平时穿的衣服、背的书包、用的文具…… 所有的一切都是粉色的。

性格：霸气外露的班长，捣蛋男生的天敌。女王急性子，遇到问题一定要立刻解决，所有拖拖拉拉、不按时完成作业、惹了麻烦的人都要绕着她走，不然肯定会被狠狠教训。班上的大事小事都在她的管辖范围之内。

星座：霸气十足的狮子座

爱好：为班里的同学主持公道，伸张正义。

十一

性格：明星一样的体育健将。长相俊朗帅气，又特别擅长体育，跑步快得像飞。平时虽然我行我素，不喜欢和任何同学交往过密，却拥有众多女生粉丝，就连“女汉子”女王跟他说话时都会脸红。

星座：外冷内热的天蝎座

爱好：炫耀自己的大长腿。

博多

性格：天才儿童，永远的第一名。博学多才，上知天文下晓地理，有时候怪怪老师都要向他请教问题。只是有点儿天然呆，常常在最基本的常识性问题上出错。

星座：脚踏实地的金牛座

爱好：看科普杂志。

乌鲁鲁

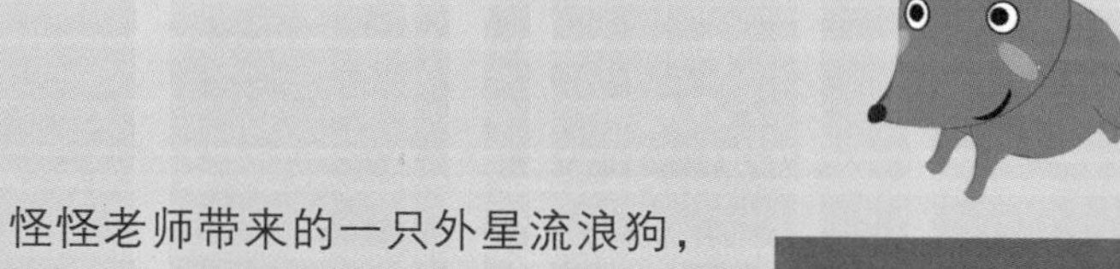

怪怪老师带来的一只外星流浪狗，是大家最最忠实可靠的朋友。

目录
CONTENTS

按照封底说明，手机下载应用程序“鲁教超阅”，即可观看精彩动画！

动画片目录

第一章

有舍有得

一个暑假没见了，同学们见面都亲热得不得了。

只有女王忙着为大家抄课程表，皮豆挤过来问："这学期没换老师吧？"

"你怕什么？"

"我怕把怪怪老师给调走呀，我可舍不得他。"皮豆一本正经地说。

"咦？你不是最头疼数学吗？怎么对数学老师倒感情深厚了？"博多坏笑着说。

"那又怎样？怪怪老师的课有新意，好玩儿又好懂，我怎么能不喜欢？"皮豆很认真地回答。

"那你倒是好好学习，让怪怪老师高兴高兴啊。"

"我已经很进步了，你呢？你进步了吗？"皮豆的数学成绩已经是他各门功课里成绩最好的了，这让他很自豪。

博多无语了，好半天才说：“我那是没有进步空间了，谁让我每次都得满分呢。”

皮豆不管他的冷嘲热讽，依然深情地说：“反正我就是喜欢怪怪老师的课，舍不得他走。”

同学们一致表示同意：“我们也舍不得让怪怪老师走。”

“谁说我要走？”怪怪老师大踏步走进教室。

“怪怪老师！”同学们亲热地围上来，都有说不完的话。

怪怪老师不知道听谁的好，几十张小嘴都叽叽喳喳地和他说话。“你们喜欢我，我很感动，很开心。如果你们愿意，我一直教到你们毕业，好不好？”

“好——”喊声差点儿把教室的天花板给震下来。

怪怪老师也有些激动了，喃喃地说：“你们对我这样难舍难分，我真不知道该如何表达自己的感动了。”

皮豆带头喊：“不要感动，要行动，以后的数学课更有趣就行了。”

“这个绝对没问题，我们以后的课会更加精彩，更加有趣，更加疯狂，更加异想天开，更加天马行空，更加天外有天……”怪怪老师的拿手好戏就是说无数个排比句，可以昼夜不停地说上好几天。

同学们一听他说排比句，就知道好戏快要开场了。

“怪怪老师，都说要提得起放得下，可我怎么也放不下你，想你想了一个暑假呢。都说有舍才有得，可我怎么也舍不得你。都说……”皮豆也滔滔不绝地表达开了。

“打住！皮豆，你别模仿怪怪老师，也不瞧瞧你那水平，敢在鲁班门前弄大斧？”博多说话常常引经据典，一套一套的。

眼看皮豆下不了台，怪怪老师忙说：“好了，咱们表达感情的话到此结束，下面准备上课。”

“今天学的是四舍五入法，有谁能从字面意思解释一下？”怪怪老师一开始就提问。

女王举手回答说：“我猜就是在门口只让五进来，不要四了。”

“基本正确。”怪怪老师点头，“一会儿我就带你们去那个神奇的过滤门。”

“又要旅行喽！”皮豆已经开始兴奋了。

同学们也骚动起来，教室里如同飞入了蜜蜂，而且不止一只，一片嗡嗡嗡的声音。

“大家静一静，我先说一下注意事项，等会儿你们要根据游戏规则来，否则，被罚了可别怪我啊。”怪怪老师拍拍手，示意大家安静下来。

“老师，快说吧，我们都急不可待了。”皮豆持续兴奋中。

“那是迫不及待。”博多纠正他。

蜜蜜不耐烦了：“你们别吵吵，这不是语文课，对词语没那么多要求。”语气里明显是偏向皮豆的意思。

怪怪老师等大家彻底安静下来才说：

“四舍五入法则就是，大于等于五，就留下，小于五就舍弃。听明白了我们就出发！”

“噢——”同学们欢呼着，准备开始奇妙之旅。

女王突然叫道：“等一等，怪怪老师，按照你说的那个法则，我们班52名同学，加上你一共53名，那么四舍五入的话，就是大约50个，对吗？”

“对啊，你学得真好，一点就通，马上就用上了，表扬。”怪怪老师高兴地点头。

女王忽然皱起了眉头：“我们明明是53人，现在只能去50个，把谁舍掉呢？”

“啊？”怪怪老师张大了嘴巴。

“啊？”同学们也愣住了，没想到刚学的本领对自己不利呀。

“我看先别想那么多了，到了过滤门再说吧。”皮豆生怕自己被留下。

怪怪老师连忙说：“没问题，再多几个人我也搬得动。”

说话间，大家都被怪怪老师给搬走了。

在一座高大的雕花门前，同学们被放下了。大门戒备森严，看来想进去不容易。门上有三个大字——“过滤门”，更让人充满了好奇。

“好了，先说说谁不能进去吧。”女王回头对大家说，“你们别怪我，其实我想让大家都进去。要不我留下吧。”

“不行，我们不能群龙无首呀。”蜜蜜不同意，多数时候她都是维护女王的。

“‘我们’是谁？你进不进得去还两说呢。”十一冷冷地笑着说。

大家都把目光转向怪怪老师，怪怪老师摊开双手说：“这是你们学

生之间的事，我不能参与，你们自己拿主意吧。记住，不管用什么办法决定去留，都要公平才好。”

博多眼珠子转了转，说：“我们比成绩吧，让成绩差的同学留下。”

“反对！你说的只是文化课成绩吧，有本事把‘德智体美劳’都放在一起比。”于果不服气地说。他除了文化课不如博多，其他可都不差。

皮豆也觉得比成绩对自己不利，就帮腔说：“我也反对，这不公平。要不比画画吧？”

“怎么不说比跑步？”十一展示出他的大长腿，众女生马上有眩晕的感觉，她们都太崇拜十一了。

蜜蜜也报出自己的强项：“有哪位比唱歌的吗？”

怪怪老师坐在一边，悠闲地看着大家，一言不发。

这样僵持了大半天，女王来向怪怪老师汇报：“这事可难办了，每个人都有自己的强项，没法一决高下。”

“哈哈，我就是要你们知道，谁都有长处和短处，现在大家明白了吧？”怪怪老师笑完，继续把难题抛给女王：“进门的事，还要靠你们拿主意，你是班长，应该多想几个办法。”

女王抱着脑袋回到门前苦思冥想，也没有什么良策。

看着大家都进不去，皮豆也急了，念叨着：“要是乌鲁鲁在就好了，他会帮我们的。不如我们把他叫来吧。”

“他来了难道能把大门给吼开吗？”博多不以为然。

女王却突然惊喜地跳起来：“有办法了，马上呼叫乌鲁鲁！”

乌鲁鲁很快就被同学们的呼叫声引来了，他一脸茫然地等着大家的吩咐。女王走到乌鲁鲁身边，耳语了几句，只见乌鲁鲁叫了几声，转了几圈，他的身边又出现了一个乌鲁鲁。两个乌鲁鲁一模一样，连动作都一样。正当大家不解时，女王转身向怪怪老师走去。

“报告老师，我们班学生52个，加上老师您就是53个，现在又来了两个乌鲁鲁，一共55个。按照四舍五入的法则，55约等于60，我们都可以进门了吧？”女王有条有理地说道。

“妙！妙！妙！”怪怪老师拍手叫好。

皮豆不失时机地幽了一默：“哈，怪怪老师成了猫了，喵喵喵！”

得到夸奖，女王很得意，马上集合队伍：“现在，我们可以进去了，列队！”

但是没想到，解决了刚才的问题，还要在入门时回答一个问题才行。

第一个是蜜蜜。问题是：把69.3四舍五入成整数。

蜜蜜想了想，报出答案："69。"

她顺利通过了，门打开了，她蹦蹦跳跳地进去了。

下一个是皮豆，他的问题和蜜蜜的差不多：把69.8四舍五入成整数。

"69。"皮豆胸有成竹地跟着回答，说完也想跟着进去。

不料，大门嘭地关上了，显示屏上出现一个大大的叉。

"为什么？"皮豆不高兴地跳起来。"为什么一样的题目，一样的答案，她可以进去，我就不能进去？"

"问自己。"女王毫不客气。

AR 扫一扫，看动画

皮豆仔细看看，小数点后面是8，不是3。想想怪怪老师所讲的规则，他再次报出答案："70。"

顺利通过，皮豆高高兴兴地进去了。不过他还是有些担心，乌鲁鲁怎么办？他可是条狗哇。

还没进门的乌鲁鲁真的被一道题难住了：把101.3约写成整数。他向同学们求助，得出几种答案：101、100、102，你认为哪个是正确的？为什么？

第二章

隐隐约约

今天怪怪老师是哼着歌走进教室的，歌词听不清，只能模糊地听到什么“玲啊，玲，我的玲……”

“怪怪老师，恋爱了吧？”皮豆很八卦地打听。

“偏不告诉你。”怪怪老师故意扭捏了一下。大家都低头看胳膊，果然，汗毛都竖起来了。

胖大力大声说：“给我们看看她的靓照呗。”

女王也跟着起哄：“怪怪老师，给我们看看吧。”

“靓照，靓照！”大家一起有节奏地喊。

怪怪老师忙摆摆手：“嘘—— 别让校长听见啊，要不然我的饭碗没了，你们赔啊？”

“不赔，不赔！”同学们依然在喊，只是压低了嗓门。

“好吧，我说的是这个——”怪怪老师转身在黑板上写下一个大大的圆圈，“0”。

“咳，是它呀！”同学们情绪低落了。

怪怪老师皱起的眉头又舒展开了：“同学们，这个0是我们今天要学习的内容之一啊。”

“0就是没有，没有就不用学。”皮豆调皮地大喊，引出

一片叫好声，那都是一上课就没精神的同学发出的。

“但是，今天的0很重要，少了它还真不行。”怪怪老师极力激发同学们的学习兴趣。

说话间，怪怪老师脱掉他的外套，里面竟然穿了一身超人衣服。

“哇！”同学们惊呼。

“今天，我为了飞得更快，特意换了行头，马上带你们去0的故乡看看。”怪怪老师做个鬼脸说。他做鬼脸的样子，更像超人了。

“0还有故乡？它也是背井离乡到城里打工的吗？”有同学问。

“我的家在东北……”皮豆唱道。

“归来吧，归来哟……”胖大力也跟着起哄。

说话间，大家发现周围同学的着装都在变，再看看自己，也换上了超人的衣服。也就是说，现在教室里突然有了几十个超人。

“出发！”怪怪老师右手握拳，已经起飞了。

“怪怪老师，我们不知道目的地啊。”女王希望有知情权。

怪怪老师紧握拳头，头也不回地说：“西北方向。”

“明白了。”女王说着，喝了口西北风。其实怪怪老师领头飞在前面，说话时喝风更多。同学们都握紧双拳，紧随其后。

“风太大，向左转。”怪怪老师带着队伍调整方向。

“风还是大，再向左转。”又调整了一下方向。

飞了不多远，大家感觉到航线又偏向右边了。

“还不行，继续左转。”怪怪老师边转方向边说。

女王发现不对了，忙喊：“怪怪老师，咱们左转，左转，再左转，好像是个圈啊。”

“没错，现在的方向还是西北。”怪怪老师拿出指南针，看了看，喊道：“降落！”

也不知道飞了多久，更不知道此时身在何方，大家纷纷落地。

落地后脚下软绵绵的，同学们才知道这已经不是在地球上了。“欢

迎来到月球！”怪怪老师笑嘻嘻地说。

“啊，我们这是在‘月亮之上’呀。”蜜蜜开始唱歌，“我在遥望，月亮……”

“不用遥望月亮了，你可以遥望地球了，那是你的老家，这里是0的老家。”皮豆的思维大幅度跳跃。

怪怪老师尴尬地笑笑：“这里是不是0的故乡，还有待考证。但是我们学习0的机会来了。”

他说着拿出一台称体重的电子秤：“来来来，同学们测量一下体重吧。”

所有的女生都不自在起来，一起悄悄地往后退。

怪怪老师见了大笑:“来吧，尤其是女生，有惊喜哦。”

女王只好带头先来了，谁知她人高马大的，却只有7.12千克。

“哦，天哪，我真不敢相信！”女王高兴极了，忍不住跳了起来，“我这不是身轻如燕吗？”

这一跳不要紧，竟然有好几米高。等她落地时，自己都惊呆了。

蜜蜜也称了一下，谁知更轻，只有区区5.46千克。“哦，我妈又得逼我多吃饭了。”

同学们抢着称了一回，结果最重的胖大力也没超过10千克。

“太神奇了，以后谁还敢喊我小胖墩，哼，我决不客气。”胖大力悲

愤地说。

怪怪老师在一边看着，一直笑，就是不说话。

女王觉得不对，忙请教："怪怪老师，这是为什么？"

"这是因为地球和月球的引力不同，同样的东西从地球来到月球上，重量会减少到原来的六分之一。"怪怪老师说，"好了，你们也都玩高兴了，我们来说说0和四舍五入的事吧。"

怪怪老师要求大家先根据刚才测量的结果，算出自己在地球上的体重。

女王：7.12×6=42.72（千克）

蜜蜜：5.46×6=32.76（千克）

博多：7.89×6=47.34（千克）

皮豆：6.91×6=41.46（千克）

"先来四舍五入，大家说出体重的约数吧。"怪怪老师已经开始上

课了。

几个同学还在跳着玩，一跳就是老高。怪怪老师没办法，为了继续上课，把乌鲁鲁叫来了，让他帮着维持秩序。

要是谁再捣乱跳高，只见乌鲁鲁跳得更高，直接把那个同学拽下来。

博多抢先报出自己的体重："我在月球上约重8千克，在地球上约重47千克。"

"但是，8×6应该是48呀，怎么回事？"怪怪老师故意为难博多。

博多不慌不忙地回答："因为我是用月球上体重的精确数，来估算地球上体重的近似数。"

“很好。”怪怪老师点点头，“谁接着来？”

“我。”女王回答道，“我先求出在月球上体重的近似数，再算出在地球上的结果。我现在的体重大约是7千克，那我在地球上的体重就约是42千克。”

“好，回答正确。”怪怪老师又表扬了女王。

蜜蜜不想让人家说她太轻，就尽可能往大了说：“我现在的体重约是6千克，到地球上就大约是36千克了。”

皮豆也想往大了说：“我现在体重约是7千克，到地球上约是42千克。”

“同学们表现不错，不知道是不是月球给了你们智慧。”怪怪老师

说，“现在，我们要把近似数保留一位小数，就是小数点后面要留一位，精确到0.1，同学们再试试吧。”

女王又抢先回答：“我在月球上体重约是7.1千克，在地球上约是42.6千克。”

博多没抢到第一，总算抢了个第二：“我在月球上大约重7.9千克，在地球上大约重47.4千克。”

皮豆也不甘示弱：“我来，我来，让我来。我在月亮上体重是6.9千克，在地球上是41.4千克。对了吧？”说完得意地看着怪怪老师，期待他的表扬。

“错，错得很严重。大家看看，皮豆同学说出了近似数，却没有说‘约等于’，这就不对了。”怪怪老师严肃地说。

皮豆吐吐舌头，的确，他忘说“大约”了。

轮到蜜蜜回答了：“我在月球上大约重5.5千克，在地球上大约重33千克。”说完，她自信地坐下了，她可没忘记说“大约”。

“错了。”怪怪老师绷着脸说。

“啊？”同学们都愣了，仔细算算，5.5×6=33，没错啊。蜜

蜜委屈地差点儿哭了，无助地看着女王。

女王也不知道错在哪里，和大家一起左顾右盼。

乌鲁鲁突然递给蜜蜜一个小黑点，并且帮着她放在33后面。

面对乌鲁鲁如此怪异的动作，大家都不明白是怎么回事，蜜蜜更是不耐烦地把那个小黑点给扔了。

只是轻轻一扔，小黑点就跑得无影无踪了。

女王突然反应过来："啊，我想起来了，怪怪老师要求我们在小数点后面保留一位呢。"

"可我这个33后面没有小数了啊，就是整数。"蜜蜜的眼泪在打转转。

怪怪老师这才开口说道："女王说得对，我的要求就是这样的。如果小数点后面没有数字，就表明是0，我们也要把0加上，明白吗？"

直到这个时候，同学们才想起怪怪老师一直挂在嘴边又唱又念的0，原来是这么回事，他是担心自己也会忘记啊。

蜜蜜已经不再伤心，她擦擦眼角的泪水，又找乌鲁鲁要了一个小黑点，和0一起放在了33的后面。

"明白了。我在月球上大约重5.5千克，在地球上大约重33.0千克。"蜜蜜大声回答。

"这个0很重要，不能少了它，大家务必记住。"怪怪老师意味深长地说。

"记住啦！"皮豆说着抱起乌鲁鲁使劲抛向空中。谁知一用力，乌鲁鲁连影都没了。

“快追！”超人们又出发了。

如果方向不错的话，他们很快就可以回到地球了。

怪怪老师在教蜜蜜要保护好最末一位的“0”之后，为了巩固知识点，又出一题：如果一个数精确到小数点后两位，近似数是56.10，你觉得这个数可能是几？（可说多个）

第三章 一条道走到黑

最近一段时间，皮豆总是看十一不顺眼。

不知道是不是因为十一太张扬了？不对，是太高傲了。哼，走路昂着头，对谁都视而不见。真是搞不明白，为什么那么多女生喜欢他，甚至包括女王。

事实上，皮豆也曾经模仿过十一，可那些女生根本不买账，就当他是透明的一样。

“有什么了不起呀，不就是跑步快吗？我要是练一练，兴许能超过他呢。”放学了，十一走出教室，皮豆就不满地嘟囔。

女王从后面猛地拍了一下皮豆的肩膀：“嗨，瞎嘀咕啥呢，是你没人

家长得帅吧？”

“喂！女王陛下，你这样突然地来一句，会吓出人命的。”皮豆从惊慌中镇定下来，抗议道：“还有，偷听人家自言自语可不是好习惯哦。”

女王把书包往肩上一甩，高高地昂起头：“哼，我才没偷听呢，是你的声音太大了，碰巧又有风送到了我的耳边。我还想抗议呢，为什么让我听到了不想听的话？”

她的样子，像极了十一，皮豆更加不快了。没错，这是最近大家都在模仿的十一的典型动作，尤其是女生们，以为这样很酷很帅。

“好吧，你们觉得他帅，那是眼光有问题，我也没啥好说的。爱谁谁！”皮豆说完，扭头冲出了校门。其实，他在心里对自己说：“坚强些，一定要坚强些，这点儿打击不算什么。”

“哎——”女王在后面边追边喊。

皮豆来了一个“急刹车”，快速回头问：“你是在叫我吗？我刚说了爱谁谁，你就爱我——”

可惜，他的话还没完，就说不下去了，那是因为，他看到女王正朝着十一跑去。

十一，正在和蜜蜜及博多过马路。

此刻，皮豆的心情已经无法形容了。他沮丧地沿着学校的围墙走着，周围的嘈杂声都被他屏蔽了，脑中只有马路对面十一和女王边走边

聊天的身影。

皮豆希望他们前面有个下水井盖是松的，那么他会飞奔过去解救女王。至于十一还要不要救的问题嘛，皮豆想了一会儿，决定放弃。十一不是跑得像飞一样吗？那就自己从井下飞出来吧。

这样想着，皮豆总算好受些了，脚步也轻松了许多。

马路是笔直的，皮豆知道过了下个路口，女王就要回到马路这边，因为她和皮豆都需要右转才能回家。

皮豆忍不住又瞥了一眼马路对面，他打算和十一保持一定的距离，像这样就很好，一直走回家，也不会相遇。

第二天的数学课，怪怪老师刚好讲到了类似的事情，那就是平行和相交。

“在欧几里得*几何中，两条平行线，永远也不会相交。”怪怪老师说，还让同学们用笔记下这句话。

皮豆问：“再远也不会相交吗？”

“如果相交了，就不是平行了。再远也不会的，放心吧。”怪怪老师

*欧几里得（Euclid，约公元前 330–前 275），古希腊数学家，所著《几何原本》把前人的数学成果加以系统整理和总结，影响着历代科学文化的发展。

很有把握。

“到月球也不会吗？”皮豆还是不放心，他已经决定和十一做两条平行线，所以一定要问个明白。

怪怪老师忽地做了一个360度的转身，旋起一阵风：“别说是月球了，就是到了外太空，也不会相交的。”

“哦，太好了。”皮豆拍拍胸口，放下心来。

怪怪老师看出了皮豆的异样，希望从他这里引出话题：“不如，我们画两条线试试如何？我要随机抽选两位同学。”

“好啊，太好了！”同学们知道游戏时间又到了，“可以画很长吗？画出教室，画出街道，一直画到城外？”

怪怪老师没有回答，举起双手，双手发着光。接着，大家感觉到了异样。果然，每个人的脚都并在了一起，穿上了一只“冰鞋”。

这肯定是怪怪老师的失误，两只脚穿一只鞋怎么走路呀？

很快，同学又乐了，原来这“冰鞋”里很宽敞，脚放在里面并不挤。这个说是鞋又不是鞋的东西，下面只有一个小小的尖儿，看起来比冰刀还难以控制。

“啊哈，我们都成了铅笔头。”美美最先发现了这个特点。这么一喊，女王来了灵感：“那我们就是铅笔侠呀。”

话音刚落，整个教室都黑了下来，女生吓得尖叫，男生也紧张得瑟瑟发抖。

“哈哈哈，你们这群胆小鬼，刚说了自己是铅笔侠，这文具盒一盖上你们就受不了啦？哈哈哈哈哈……”外面传来怪怪老师的笑声。

大家松了口气，合力往外推文具盒的盖子。到底是人多力量大，“嘭”，盒子打开了，重见光明！

“现在画线，同学们自由组合，但要画出平行线来。”怪怪老师今天心情不错，态度和蔼，“画不出来的要受罚哦。”

皮豆一下子拉住了蜜蜜。没的说，这小女生乖乖的，容易合作，一定能画出合格的平行线来。

“蜜蜜，我们这样。”皮豆把右胳膊伸直和蜜蜜拉着手，他让蜜蜜也这样，只是蜜蜜伸的是左胳膊。“我们保持这个姿势不变，距离就不变了。”

“好的。”蜜蜜显然对这个游戏很感兴趣，“预备——跑！”

其实也不用跑，脚下的铅笔尖直接就滑出去了，“吱——”的一声，他们就离开了同学们。

“哈哈，我的办法不错吧，我们一定能得第一。”皮豆有些得意忘形了。这一忘形就麻烦了，脚下不稳，他忍不住拉紧了蜜蜜的手。

蜜蜜那小巧的身子骨，哪经得起皮豆猛地一拉呀，她身子一歪，两人相撞了。

不用问，平行线不平行了，失败！

“你不是个好搭档，我不和你一起合作了。”蜜蜜满脸通红，最主要的还是失败带来了恼火，她一甩手，找别人去了。

皮豆好不尴尬呀，抓抓头皮，发了一会儿呆。

怪怪老师突然成了一只小飞虫，趴在皮豆的耳边说：“最好还是找那些跟你不太和睦的人一起合作，这样才能保持距离嘛。”

皮豆觉得耳朵痒痒的，伸手要拍，幸亏怪怪老师反应快，及时躲开了。

“这是谁在提醒我啊？”皮豆有些纳闷，不过仔细想想也有道理。

要说跟自己不和睦的人，那肯定首选十一了。皮豆脚下生风，马上滑到十一跟前：“嗨，哥们儿，咱们来画平行线吧？”

十一耸耸肩：“行啊，无所谓。”

皮豆也没多想，像十一这样有女生缘的人怎么会落单呢?

道理很简单，女生都喜欢跟十一玩，所以不想跟他永远保持距离。男生呢，看不惯十一的特立独行，压根儿就不想和他一起玩游戏。

虽然是一起合作，但是皮豆懒得和十一拉手，十一也没有这样的意思。他俩相隔半米，直直地就滑出去了，脚下的线果然很直，是平行的!

他们越滑越远，线越画越长，周围早已宁静下来，他们都不知道到了哪里。

“咱们出城了吧?”皮豆忍不住问。

十一没理会。

又过了一会儿，眼前都是陌生的景象，连那些树木看起来也有些陌生。

“咱们这是出省了吧?”皮豆又问。

十一还是没出声，皮豆看看他耳朵里扯出的耳机线，愤愤地哼了一声。

再后来，他们周围出现了一些说外语的人，皮豆已经懒得问了，看样子是到了国外。再看看十一，还是一副漠不关心的样子。

接着，他们好像经过了一个隧道，可又不太像隧道，里面有着七彩的光芒。

皮豆有些兴奋："这说明马上要到太空了吧。"

突然，十一大叫："啊，穿越了！"

皮豆莫名其妙地看看他，也学着他的样子，不搭腔。

可是看看周围，皮豆发现确实不对劲了，周围都是土墙陶瓦，没有汽车，没有电灯，只有原始的男耕女织。

"刚才不是隧道，是虫洞！"十一再次对皮豆说。

本来皮豆还不想搭理他，可是想想，还是算了，来到这个人们都说文言文的时代，自己不跟十一说话，难道去和那些古人说之乎者也吗？

"也不知道这是哪朝哪代，古时候的小孩都玩什么游戏啊？"皮豆随口回答了他一句。

尽管他们说着话，可脚下却没有停止，还在前进着。

他们穿过城门，进入繁华的大街，城中心还摆着比武擂台。他们看了一会儿，又拐进小巷。不一会儿，出了巷子，又来到大街，出了城门，一直朝城郭外滑去。

在一个小小的村庄里，他们不由自主地放慢了速度，不约而同地来到一户农家门外。这里有两个孩子在玩游戏，玩的是石子计数。

“大哥，二哥，你们可回来了，怎么去一趟茅房要那么久啊？”那两个小孩冲着十一和皮豆喊，然后拉着他们一起玩。

皮豆见了他们，感到特别亲切，就连十一，也变得可亲起来。

兄弟四人手拉手玩了起来，还玩了背靠背。当十一背起皮豆时，皮豆亲热地叫了声：“二弟，慢点儿。”

“放心吧，大哥，我不会摔着你的。”十一也很亲热。

“我是担心你。”皮豆的背靠在十一的背上，感觉到了温暖。

“呼——”他们突然一跃而起，以超音速回到了教室。

原来是比赛结束了，怪怪老师收回了魔法。

获奖的同学是女王和博多。

“为什么不是我们？我们不仅画到了外地，还画到了古代。”皮豆争辩着。十一拉住他：“算了，你忘了，我们背靠背了，违反了平行法则。”

皮豆没话说了。过了一会儿，他对十一说了一句悄悄话，十一强忍着，还是扑哧笑出了声，引得同学们都看他。

这句话就是：我忘了在古代撒泡尿再回来了。

下课后，怪怪老师用魔法带同学们来到了龟山汉墓。龟山汉墓的甬道是当今世界上打凿精度最高的通道。南北两条甬道各长56米，沿中线开凿，最大偏差只有5毫米，两条甬道之间的夹角不到1度，精度达到万分之一。如果这两条甬道是可以无限延伸的直线，它们会是平行线吗？

第四章

便捷之门

“今天学习简便运算。”怪怪老师放下教案，对大家说。

此时是上午的最后一节课，临近放学，同学们的心早已飞了，所以这第四节课是最令老师们头疼的，但是怪怪老师不怕这个。

“同学们知道什么是简便运算吗？”怪怪老师再次重复，想把大家的注意力吸引过来。

“知——道——”每次同学们都会这样拖着长腔回答，皮豆以为这次也不例外，就闭着眼睛高喊。

也不知是怎么了，难道同学们约好了要让皮豆出洋相吗？反正他只听到一个人的声音，就是自己的声音。

“很好，那就请皮豆同学来说说什么是简便运算吧。”怪怪老师似乎就在等这个效果，他面带微笑，以令人肉麻的亲切口吻说，“请吧，皮豆。”

皮豆看看左右，指指自己的鼻子：“是我吗？”

“正是。”怪怪老师和众同学一起回答他。

他只好硬着头皮站起来：“这个，这个，这个嘛……简便运算，就是要求女生把辫子剪了再来运算，就会算得又快又准。”

同学们哄笑起来，胆小的美美还下意识地摸了摸自己的头发，对着皮豆说：“你可真坏。”

“唉！我的理解能力太强，真是高处不胜寒哪。简便简便，不就是剪辫子嘛。舍不得就说舍不得，别说我坏啊。”皮豆强词夺理，以掩饰自己不懂的真相。

怪怪老师在讲台上拍拍手说:“好了，现在我们就来见识一下真正的简便运算。”

地板在瞬间发生了变化，好像成了无数根纵横线。不过，大家既没回到古代，也没飞到天空，还是好好地待在教室里。

“啊哈，老师演砸了吧，这是魔法失灵了的样子。”博多忍不住吐槽。大家也跟着起哄，是啊，怪怪老师失手的事也不是没有过。

“得了吧，别光注意教室，看看自己。”女王提醒大家。

果然，同学们发现自己有了变化，都变成了矮矮胖胖的圆墩子，比一般的墩子还矮呢。

最可气的是，本来大家还有些身高差，现在全都一般高了。博多气

得往上跳，这一跳，吓得他又是一跳，接连来了两跳。

他看到又圆又扁的同学们头上都有字："十一，是帅。女王，是将。皮豆是炮，蜜蜜是相，于果和胖大力是马，还有大多数同学都是卒。"

皮豆也跟着跳起来看："哈哈，博多，你也是炮。"

这，这，这不是象棋棋子吗？

"不对，怪怪老师，女王是班长，她才是真正的帅，十一最多是将，怎么他们的身份弄反了？"蜜蜜为女王打抱不平。

大家都很同意，认为这是怪怪老师这节课第二次演砸了。

可女王发话了："我觉得怪怪老师是对的。第一，十一本来就很帅。第二，帅都是形容男生的，我当了帅也不合适。第三，帅和将在别的地方有级别之分，在中国象棋里，可是一样的哦，都是双方的老大嘛。"

怪怪老师伸手拎起了皮豆和博多，皮豆身体失去平衡，夸张地大叫："轻点儿，老师，我快被捏扁了。"

"好了，让你落地。"怪怪老师说着，"啪"地按下他们，下棋一样开始排兵布阵。

"我们先用两个炮来做实验，大家看看，如果皮豆炮和博多炮交换一下位置，他们的和会不会变？"怪怪老师问。

同学们马上用最简单的数字来验证，1+2和2+1，这结果不是相同吗？于是大家一起高喊："不会。"

"如果相乘呢？"怪怪老师说着，又拨弄了下棋子，皮豆感觉头晕，忙捂住脑袋。

女王，也就是将，试了一下，1×2和2×1相等，都等于2。

蜜蜜也试了试，2×2，呀，这个不好，换一个吧，2×3和3×2，都等于6。

"乘数交换位置，也可

以的，结果不变。”博多抢先总结。

“乘数位置交换，积不变。”女王的回答更简洁。

怪怪老师挤挤眼说：“很好，现在手谈开始。”

“好耶，好耶，怪怪老师你快变出个钢琴来，让我露一手。”皮豆学过几天钢琴，岂肯放过这样的显摆机会？

“什么钢琴铜琴的？现在是上音乐课吗？”怪怪老师不喜欢人家打断他的话。

皮豆嬉笑着说：“是你说的手弹啊，那不是钢琴难道是古琴吗？”

“行了，别打岔了，真是无知。怪怪老师说的是手谈，就是下棋的意思。”博多无奈地提醒皮豆，把皮豆闹了个大红脸。

博多想了想：“确切地说，手谈是指下围棋，怪怪老师，咱们现在进行的可是中国象棋呀。”

“就你知道得多。”皮豆不服气地哼哼，“还敢挑老师的毛病。”

怪怪老师乐了："我还没开始走棋子呢，你们两个大炮倒是先干上了。继续，继续掐吧。"

"哼，要不是中间还隔着俩人，我就翻山用炮轰了他。"皮豆恼羞成怒，不过还算懂得"车走直路炮翻山"的象棋规则。

"来来来，你尽管放马过来。"博多也不示弱，他倒下身子，像车轮一样滚来滚去，向皮豆示威。

"你！"皮豆真的火了，一个起跳，准备炮轰博多，却不小心没瞄准，把旁边的蜜蜜和十一都震得老远。

女王急得想拉架，无奈却出不了城——象棋还有个规则就是"将帅不能出城边"嘛。

不过既然十一出了城，他这方就没有了帅，那还不彻底输了？

十一气得骨碌碌又滚回来，还拉上蜜蜜准备一起对付皮豆。

眼看战争就要爆发了，博多也眯着眼睛在一旁准备看好戏呢。怪怪老师却生气地一挥手："不谈了！我要把你们都定在原地。"

大家经历了一阵筛糠似的抖动之后，发现自己被困在一座城池里，这应该还是象棋的棋盘吧，但是谁也动不了。

大家都被使了定身术，同学们正乐得休息一会儿呢，都闭上眼睛不说话。

只有蜜蜜细心，她仔细看了看，奇怪，不见了皮豆和女王。

“女王不见了！女王，女王！”

“大将，大将！”于果还记得女王在象棋里的身份。

不见回答，想必是刚才的振动太大，被弹出去了吧。

“哼，你们只关心班长，就不关心一下我吗？”皮豆出现了，还抱着数学作业来了，要命的是鼻子上还架了副眼镜，搞得跟多有学问似的。

“喂，你快找找女王去了哪里？”蜜蜜急切地说。现在看起来，皮豆好高大啊，同学们只相当于象棋棋子大小。

“别急，她派我先来闯关，大家配合一下吧，只有我成功了，你们才能重获自由。”皮豆有些得意。

同学们一起惨叫：“哦，让你闯关，我们一点儿希望也没有了。”

此刻的博多冷静多了：“同学们啊，咱们还是尽量配合吧，不自由毋宁死，我不想就这么被定住。”

“21×102=……”皮豆大声地念出来，没错，这就是怪怪老师写在黑板上的式子。

“快，用笔算。”

“列竖式！”

皮豆摇摇头："怪怪老师说了，要用简便运算。"

有个式子里的数字发出一阵轻微的笑声，听起来小有得意。大家明白了，那是打入大家内部的奸细——怪怪老师。

好吧，积极配合！

皮豆在地上画了一扇门，门那边，女王在向他招手，他一步步走过去。

哈，门虽然小小的，里面却豁然开朗。

"这是一个专门提供便利的地方，无论何时都能用简便的方法来做。"女王神秘地说，"嘘，别让怪怪老师听到。"

皮豆用眼色示意女王别出声，写了张纸条告诉她，怪怪老师就混在同学们中间。

皮豆把作业本上的式子给女王看，女王按了一下某个按钮，墙上出现了一个等式：$21\times102=21\times(100+2)=21\times100+21\times2=2100+42=2142$。

皮豆用最快的速度钻出门，回到教室，马上把算式的答案整理出来。

当一系列数字排列出来时，怪怪老师叹着气出现了："没想到我的学生都这么聪明了，好吧，你们赢了。"

话音一落，同学们都自由了，也恢复了人形。

脑力大冒险

怪怪老师在黑板上写了一道题：41×51。皮豆说要把40拆成40和1，所以41×51=（40+1）×51；十一说要把50拆成50和1，所以41×51=41×（50+1）。你觉得应该怎么做才更便捷呢？两种方法都尝试一下吧！

第五章

点点点

“我说你们能不能精神点儿呀？”怪怪老师突然敲着讲台说。事实上，这才是上午第二节课，原本是黄金时间段，可不知道为什么，同学们都无精打采的。

“是不是早餐没吃饱？我说了多少次，早餐一定要吃好，它能提供给大家整个上午所需的能量。”怪怪老师开始猜测，但是大家都摇头。

“那么，是昨天晚上写作业、看电视或者打游戏太晚，没睡足？”他继续猜，大家继续摇头。

“我想不出更好的理由了。”怪怪老师不猜了，点名询问，“博多，你说说自己的情况。”

博多的手在胳膊上一个小红包周围挠啊挠，他举着有包的胳膊说：“怪怪老师，昨晚我家有蚊子。”

“皮豆，你呢？”怪怪老师又问。

皮豆拍拍脑袋：“我呀，昨晚就没闲着，累得够呛。”

“是不是做了一晚上的梦呀？”怪怪老师觉得好气又好笑。

“比做梦还辛苦，我梦游啦。”皮豆

笑嘻嘻地说，他最大的本事就是能把假的说得跟真的一样。

怪怪老师显然不相信，但也没有揭穿，只是跟着问："哦？看你现在这么疲惫，可不是一般的梦游呀，是不是去了很远很远的地方呢？"

"那当然。"皮豆还真顺着竿儿往上爬了，"那是——相当远，远到无边无际。"

"别吹了。"怪怪老师放下手中的教案，背着手走下讲台，"你要是能说清楚你去了哪儿，我马上带大家去。"

同学们立即把目光转向皮豆，那目光充满了期待，充满了渴望："皮豆，求求你说个好玩的地方吧。"

皮豆的大脑里快速地运转着，说个什么地方好呢？要说个自己没去过的地方才划算。

“那个地方吧，有高高的山……”他开始描述了，因为需要边想边说，所以语速比平常慢了很多。但是在同学们听来，皮豆好像是在营造一种神秘的气氛。

窗外明媚的阳光不见了，转换成了草木环绕的青山。

“详细些，高高的山太多了。”怪怪老师需要皮豆补充细节。

“有悬崖，还有树木，到处郁郁葱葱……”皮豆仿佛陶醉其中了。

怪怪老师不满意：“还是太平常。”

“高高悬起来的山……直插云霄……”皮豆开始胡扯。

怪怪老师却高兴地叫道：“明白了，这是哈里路亚山！”随着他的话音，窗外的景色果然变得眼熟起来。

“阿凡达！”同学们兴奋地大叫。

“悬空山！”皮豆的眼睛也亮了。

还等什么，大家一起涌出去，跳到了山上。皮豆迟疑了一下，也跳了过去。

从山上回头看教室，那才是悬空的呢，飘浮在山与山之间，无牵无绊。真是美景如画呀，几个同学开始写生，有的在寻找最佳角度留影，还有的趴在山石上研究起来，好像要破解这里的地质秘密。

皮豆最兴奋，都是因为他，大家才有机会来到这里呀。他感觉自己是个大功臣，喋喋不休："哈，这正是我梦中来过的地方，大家不要太感激我了，有需要导游服务的请找我。"

同学们都陶醉在大自然中，哪里有人理他呀。皮豆自觉无趣，便四下里张望。有一团黑乎乎的东西正在飘来，皮豆盯着它看。很快，黑东西近了些，也大了些，原来是乌云。

乌云越来越大，也越来越厚。皮豆提醒大家说："有乌云哦，请注意。"

大家并不理会，只有博多随口答了一句："这大山中天气多变，一天

下几场雨也是正常的。等下完雨云就散了，太阳就出来了，兴许还能看到彩虹呢。”

大家嘻嘻哈哈的，谁也没把皮豆的话放在心上。皮豆想跟怪怪老师说，可根本没见到他的影子。

乌云慢慢地吞噬了周围的山峰，同学们还不以为意。皮豆愈发觉得那乌云像个怪物，可他又不敢乱说，生怕被同学们嘲笑。

终于，一切都变得朦胧起来，连面对面的同学也看不到了。大家这才惊慌起来，因为吸进鼻子的空气开始让人难受了。四周慢慢变黑，一道闪电从高空中劈下。

“不好，有瘴气。”博多捂着嘴巴喊，“大家快闭气。”

可是蜜蜜紧张地大哭，嘴巴张得更大了。

“别哭，得想办法才行。”女王劝蜜蜜，“教室呢？回到教室就好了。”

教室明明就在附近，可是大雾弥漫，怎么也找不到了。

皮豆睁大眼睛，他要看看这团迷雾到底是什么。

突然，他看到那些微尘成了小小的颗粒，渐渐地又大了一些，再大些，总算看清楚了，是小数点！

“大家注意脚下安全，还要注意眼前的黑点，我们这是进了迷魂阵了，同学们尽量靠近些。”皮豆招呼着大家，“集中起来力量大。”

女王马上跟着高喊：“大家向着我的声音走过来，只有团结才能胜利。”

皮豆一直盯着那些小数点，很奇怪，它们忽高忽低，忽大忽小，还横冲直撞的，好像在寻找什么。

“哼，你们这些黑家伙，冲我来吧，放开我的同学。”皮豆勇敢地喊。身后几个女生激动地要哭了:“皮豆,你是我们的偶像,男神。”

皮豆的勇气更足了,拍着胸脯说:“来吧,来吧,来吧,我不怕你们!”

无数的小数点真的冲着皮豆来了,但是,还没靠近呢,就有一串数字从皮豆的衣服口袋里钻了出来。仔细看看,哈,都是皮豆不会做的数学题。

小数点很调皮,一个个迅速找到了藏身的地方,把原本就让皮豆头疼的算式变得更加复杂了。

“皮豆,需要帮忙吗?”女王问。

皮豆摇摇头,故作轻松地说:“没事,我在想办法大破迷魂阵呢。好像……也许……大概……可能我需要先排兵布阵吧。”

小数点的颜色越来越凝重,好像在不断地集合变大,那些雾的颜色倒变得轻了些,发出朦胧的白色。

一道算式横空而出:79.8+25.39。

皮豆在地上画了好一会儿,报出结果:“3337。”

没想到那些小数点噼里啪啦地朝皮豆脸上扑来,好像墨汁一样,把皮豆弄成了大花脸。不用问,这结果是错误的。

皮豆又改变了一下结果:“33.37。”

小数点再次袭来,比上次还猛烈,看来这次错得更离谱。

“怎么办?我招架不了啦。”皮豆向女王求救。

女王向博多求救,可是博多却把目光转向了迷雾。

很显然,大家都束手无策了。

“当你孤单你会想起谁……”十一不知为何唱了起来,同学们都很不满，都什么时候了，还有心思唱歌？真是无情无义。

博多突然拍拍脑袋说：“怎么把他给忘了，当我困难时我会想起乌鲁鲁！”

“对呀，乌鲁鲁！”

大家一起喊着乌鲁鲁的名字，乌鲁鲁从那团雾里跑出来，很兴奋。可不是嘛，他已经很久没为大家出力了。

“乌鲁鲁，快帮帮忙，打败这些黑点！”皮豆亲了乌鲁鲁一下，赶紧下命令。

乌鲁鲁不慌不忙地对着迷雾叫了两声，奇怪的是，那些黑点点马上集合起来，再也不乱跑了。

乌鲁鲁又叫了几声，黑点们随着叫声一会儿排成长龙，一会儿又首尾相接成了大大的圆圈，最后调皮地扭成了“8”字。

“别表演了，快点儿破除迷魂阵吧，我感觉这很像雾霾，也不知道PM2.5的数值是多少。快让我们出去吧。”女王对乌鲁鲁说。

乌鲁鲁的嗓子眼发出“呜噜噜”的叫声，那些黑点好像被吓到了，马上排成一排，而且是竖着的。

博多马上明白了怎么回事，对皮豆说：“快，把两个加数的小数点对齐，然后计算。”

皮豆半信半疑，不过还是算了算，很快报出结果："105.19。"

"呼——"迷雾像是被扯开了一个大口子，大家又看到了对面的山和树。

"太好了！皮豆，继续。"

但接下来，皮豆犯难了，这道题是减法：94.61−65.8。

乌鲁鲁重新把散开的黑点收拢起来，它们再次排成一排。

博多点点头："皮豆，减法也一样，小数点对齐，相同的数位对齐，试试看！"

这个有点儿难，但是皮豆胆子大，小数点对齐后，1下面没有可减的就还是1，6不够8减的就借位。终于，他算出了结果："28.81。"

又一大块迷雾消失了，天空出现一道巨大而美丽的彩虹，大家欢呼

起来。

忙着回到教室的同学们谁也没有注意到，那些飘浮在空中的黑点聚集到了一起，成了一个大黑球，忽地变成了怪怪老师。

脑力大冒险

怪怪老师说，有小数点的数字加减法跟整数加减法的方法一样，可是，蜜蜜在计算50.01−34.98时为难了，你能帮帮她吗?

第六章 实战

皮豆整天抱怨，数学好像跟生活没太大关系吧，不像语文那么重要。“要是你不识字，甚至连‘男’‘女’二字都不认识，上厕所可就麻烦了，弄不好会被当成变态啊。”

“数学才有用呢。”博多反驳他，“你要是不知道自己几点起床，吃多少饭，走多远来上学，考多少分，生活岂不是一团糟？”

“喂，能不能不提考试这种让人不愉快的事情啊？”皮豆最害怕考试了，连听都不想听到。

女王过来敲了皮豆的脑袋一下：“怕什么，考试刚结束没多久，现在不会考试的。再说你上次考得还不错嘛，有进步，值得表扬。”

“你表扬我有什么用，要我爸妈满意才行呢，他们的要求太高了。”皮豆还是高兴不起来。

上课铃响了，怪怪老师快步走进教室：“同学们，今天我们来个好玩的。”

“是不是去外太空？我们盼望多时了。”大家一起欢呼。

“不，比那个刺激多了。”怪怪老师故意卖关子。

蜜蜜猜了猜：“难道是在电影里上课？”她做梦都想当明星呢。

“不对！”

“老师，快说吧，急死人了。”皮豆等得不耐烦了。

怪怪老师这才清清嗓子说：“这个好玩的就是——考试！”

“咳！”同学们都泄气了。

皮豆更是心情复杂，直接哀号了一声：“这还好玩？还刺激？”

“不刺激吗？”怪怪老师坏笑着说，“看看你们的表情，多惊讶，多

紧张，还说不刺激？”

“怪怪老师，换一个吧！”皮豆哀求道。

“那可不行，按照教学计划就是这样的。”

皮豆狠狠地瞪了女王一眼：“你还说不考试，这不说来就来了，都怪你。”

“老师，教学计划不是这样的吧？”女王很认真地翻开数学课本，“这节课应该学习运用小数加减法在生活中解决实际问题，你却说要考试。”

“难道在超市不能考试吗？”怪怪老师摇摇头，叹口气说，“唉，我教你们这么久，你们的想象力没有一点点进步，我太失望了。既然不愿意，我看就算了——”

皮豆首先反应过来，大叫着："怪怪老师，这样的考试我们喜欢，请快带我们去超市吧。我们要自带小推车吗？"

他本想幽他一默，可是怪怪老师却板起了脸："算了，我说不去就不去了。"

同学们都急了，上课时间去逛超市，这可是消磨时间的好方法呀，谁舍得放弃呢？大家一起哀求怪怪老师，但是怪怪老师说什么也不肯了。

博多看出了怪怪老师嘴角的一丝丝笑意，马上琢磨开了。

很快他就笑着说："好老师，亲老师，你就答应我们吧。"同学们都不由自主地摸了摸胳膊，那上面肯定有密密麻麻的鸡皮疙瘩。

怪怪老师绷着脸，忍着笑，还是摇头。博多只好降低条件："哪怕带我们去菜市场也好啊，虽然吵了些，虽然乱了些，虽然脏了……"

"嗯哼——"怪怪老师的鼻音没落，大家就闻到一股怪怪的味道。吸吸鼻子仔细辨别一下，有各种青菜的味儿，有熟食的味儿，有炸油条的味儿，有鱼腥味儿，还有鸡屎味儿……

"哎呀，真难……"蜜蜜捂着嘴巴刚抱怨了半句，又有几只手伸过来捂住她的嘴，让她的后半句说不出来，吞回了肚子里。

是啊，如果再得罪怪怪老师，可就连这菜市场也待不下去了。

大家慢慢习惯了这里的味道，开始寻找自己感兴趣的菜品。

细心的女王一下子就发现了，这里不是地球上的菜市场，因为商贩全是外星人，长得十分奇怪。

“试一试吧，买菜要自己算账哦，算不准就买不到菜哦。买不到菜中午就没得吃哦，没得吃下午就饿肚子哦，饿肚子就……”怪怪老师开始说他最喜欢的“哦”式排比句。

皮豆抢先去买小油菜，不是因为他喜欢吃这个，而是这种菜还算便宜，算账也就容易很多。

“请问，你的小油菜怎么卖？”他问摊主。

“##¥……*(%¥!”那个摊主很热情地说了句话，皮豆如坠云里雾里。

博多大笑：“皮豆你不知道他是外星人吗？你的地球话他听不懂的。”

“*)……&%@#……¥”皮豆也胡乱来了一句，没想到摊主拿出了一个带显示屏的翻译器。

“1.2元？”皮豆疑惑地看着价钱，“便宜点儿吧？1元怎样？”他想起妈妈买菜的时候总是这样和商贩讨价还价的。

那家伙不说话，用细细的手指画了画屏幕，不得了，反而成了1.5元。

“算了，还是1.2元吧？”皮豆后悔了。

可是，很快价格又变了：1.8元。

“好吧，好吧，我啥也不说了，给我称一斤吧。我可告诉你，多一点儿少一点儿我都不要，那不好算账。”皮豆愤愤地说。

摊主开始称小油菜，嘿，外星人就是厉害，正正好好一斤。

皮豆高兴极了，摸摸口袋里的零用钱，抽出两张一元的纸币递过去：“找钱，2毛。别以为我不会算。”

摊主摇摇头，发出一阵机器的刺啦声，不接钱。

皮豆缩回手：“不要拉倒，那我就不客气了。”说着拿起包好的青菜就跑。大概跑过了五六个摊位吧，一只长长的手伸过来，硬生生把他拽了回来，摊主正面无表情地看着他。

皮豆不敢乱动了，知道就是跑到天涯海角，摊主的胳膊也足够长，能捉他回来。他嘴上却不饶人："干什么，干什么？我给你钱你不要，我走又不让我走，到底是要闹哪样？"

又是一阵机器的刺啦声，皮豆看到摊主翻译器屏幕上出现一行字：单品不售！

"哎呀，你们这是强行搭售呀！嗯，强买强卖，我要到市场管理处那里去告你们！"皮豆虚张声势地说着，腿却不敢挪动一下。刚才被摊主抓住的胳膊，现在还疼呢，外星人的手劲可真大。

本以为同学们会来帮忙，最起码也该有几个人声援吧，可大家都像没听见似的，只顾买自己的菜，算自己的账。

“唉！书到用时方恨少，朋友到患难时才见真情啊。可见我皮豆的人缘多差，竟然没有人愿意给我一丝丝同情。”皮豆仰天长叹，差点儿潸然泪下。

“得了，快选你的菜吧。”女王提醒他，“要是超时了，可就难看了哦。”

皮豆这才有了紧迫感，没办法，再选菜吧。他想好了，专挑便宜的，好计算。

但是他很快就发现，这里的菜没有一种是整数价格的，都带那么几毛几分，纯粹是添麻烦嘛。

他又选了个萝卜，1.9元。皮豆大方地拿出5元钱：“别找了，都给你了。”

摊主看着他，眼里发出刺目的光芒。皮豆知道自己又做错了，赶紧

收回刚才的话，说："我再挑挑。"

他在心里算了算价格，算不出，后来把1.9元当成2元，然后从1.8元里减去0.1元，总算得出了结果：3.7元。

既然说了还要挑选，那就要说话算数。皮豆又瞅了胡萝卜一眼，3.2元。好吧，就是它了。

皮豆再次把5元钱递过去，没想到摊主啪一下把他的手推开了，幸亏皮豆反应快，不然这手准得受伤。

皮豆真想说我不干了，爱咋地咋地吧。可他看看周围，同学们都在认真地计算呢。

好吧，他只好蹲下身子，在地上画了起来。

一只小狗走过来，嗅了嗅皮豆的脚。皮豆大喜："乌鲁鲁，快来帮忙。"仔细一看，这哪是乌鲁鲁啊，是人家外星人的宠物。有趣的是，这宠物还穿着和怪怪老师一样的鞋子。

看来乌鲁鲁是来不了啦，要不然这会儿早就来了吧。皮豆想起他，倒想起小数的计算方法来，是啊，要把小数点对齐！

"好嘞，点对点，角对角，元对元。"皮豆在地上列出竖式，马上就算出来了：3.7+3.2=6.9。

自己刚才少给了人家钱，难怪被打手呢。

他又拿出两张1元纸币，和手上的5元一起递过去，奇怪的是，摊主还是不收。

"这次绝对没错，不信你可以验算。"皮豆信誓旦旦地说。

摊主的手在屏幕上一划拉，又出现了一行字：10元以下不售。

得！这外星菜市场还真够麻烦的，难怪到现在还没有一个同学走出来呢。大家还在低头勤奋地计算着，个个全神贯注。

“在外星菜市场摆摊真不错，不用自己算账了，以后我也……”皮豆想了想又放弃了。是啊，摊主怎么知道他没买够10元呢，看来也是要计算的呀。

现在，皮豆只要再买些菜就能离开了。

还差多少钱的菜呢？

10−6.9=？皮豆犯难了，这样一个数有小数点，另一个数没有小数点的减法怎么算？

突然，博多嚷嚷起来：“哈，我买成功了，先走一步了哈！各位同学，

祝你们好运。如果需要运气来找我借哦。”

皮豆灵机一动，拉着他说：“我这里没有小数点，你能不能借给我？”

“好啊，要几个？”博多大概是因为太高兴了，所以很大方。

“一个就行，回头还你。”皮豆拿了个小数点，却不知道安在何处。还是博多热心，让他加在10的后面，还在小数点后面又借了个0给皮豆。

这就好办多了，皮豆很快算出10.0－6.9＝3.1元。刚好蘑菇就是这个价，皮豆成功了！

“博多，还你的0和小数点。”

“不用了，0还用还吗？你自己留着用吧。”

皮豆想了想，乐了：0是可以不还的。

脑力大冒险

皮豆遇到一个难题：87－34.29。让他为难的是，前面的被减数中根本没有小数点，让他怎么在列竖式计算时把小数点对齐？学霸博多只用一秒钟就解决了这个问题，你知道他是怎么解决的吗？

第七章

给你一块土地

皮豆在教室里唱着歌："我要去远方，我要去流浪，天当被来地当床……"

"你呀，还需要多学习，多做准备才行，出去流浪可是要具备很多本领的哟。你要天当被地当床，那我就要问问了，你有帐篷吗？睡袋？露营灯？防潮垫？"博多打算给皮豆上一课。

皮豆傻眼了："没有啊，都没有，我就打算睡在露天地里。如果能整晚睡在野外，看一夜的星星，那才过瘾呢。"皮豆又开始幻想了，"天当被地当床，我多向往。"

怪怪老师快步走进教室，脸上有些犹豫不定的表情。

"皮豆，你向往什么？"怪怪老师听到了皮豆的后半句话，关切地问。

"我向往野外生活。"

蜜蜜指着皮豆笑："他想去野地里睡觉。"

"嗯？哦……咦？哈！"怪怪老师接连来了几个叹词，大家都愣住了。

女王问："怪怪老师，怎么了？张口尽是语气词啊。"

"因为皮豆给了我一些启发，我想到如何使今天的课更有意思。刚才我还苦思冥想呢。"怪怪老师说，"现在准备上课吧。"

话音一落，上课铃声就响了起来，真是分秒不差呀。

"同学们，让我们来回忆一下表示面积的单位。"怪怪老师在空气中画了个圈，提示大家。

"怪怪老师，不是说要去流浪的吗？"皮豆急了。

同学们哄堂大笑，因为大部分人并没有听到他们刚才的对话，还以为皮豆在说梦话呢。

"皮豆，怪怪老师心里有数，你着什么急呀？"女王提醒他注意怪怪老师的表情，分明已经写上了"不悦"二字。

博多及时解围："我来回答，常用的表示面积的单位有平方厘米、平方分米和平方米，比如我家的房子就是100平方米。"

“很好，博多请坐。”怪怪老师满意地点点头。

胖大力不服了：“这么小哇，我家的房子是复式的，上下两层，一共200多平方米呢。”

“胖大力，显摆啥呀，我家的别墅我炫了吗？上下四层，怎么着那面积也比你家大吧？”蜜蜜冷冷地说。

皮豆插嘴笑道：“那可不一定，要是每层只有20来平方米，那还不如我们家大呢。”

蜜蜜被他噎得说不出话来，同学们感觉到了紧张的气氛，都不说话。女王看不下去了：“皮豆，见过别墅没？谁家的别墅一层只有20平方米呀？人家蜜蜜家还有地下车库呢，都没算上，你就别在这瞎起哄了。”

“打住！”怪怪老师挥挥手，“看起来大家对面积的概念还是很强的，我很高兴你们能知道这些。”

怪怪老师又有了新意，他的手指在黑板上蹭了蹭，就出现了别墅的3D透视图。“大家看，如果这幢别墅每层的面积都是100平方米，那么这个五层的别墅总面积是多少？”

“500平方米。”蜜蜜大声回答，还瞪了皮豆一眼。

“好的，我们把这五层都摆到地上。”怪怪老师的手指稍一滑动，那一层层透视图就铺满了地，“大家看看大不大？”

“大！”

“如果是100个100平方米，会有多大呢？”怪怪老师在黑板上布满了房子。

“怪怪老师，不如我们到实际的地方去走走看看，如何？”皮豆壮

起胆子说。

“是啊，怪怪老师，我们喜欢出去上课。”同学们顺势都跟着喊，皮豆有了大家的支持，很得意。

怪怪老师停下来，看看大家，无奈地摇头：“好吧，立刻出发。”

还不等大家欢呼，四处就变得天苍苍野茫茫。

“现在倒好，天当桌子地当椅子了。”女王对皮豆挤挤眼。

皮豆那个乐呀：“我的桌子也太大了吧？想量一下都不容易。”

“请搞清楚，桌子在天上，地上的是椅子。”博多来了一句。

“什么椅子呀？平平的。”

博多看了看：“这是古代的椅子，就是席子，知道管宁割席的故事

吗？席子就是坐的地方。”

“那我也割出一块来，我要自己单独坐着。”皮豆说着，开始到处找刀子。

怪怪老师一跳一跳地跑过来，像只兔子：“各位，席子太大，同学们坐得很分散，各人之间的距离相当大，请注意说话要靠喊的，声音小了可听不清楚。”

他的目光扫过皮豆：“听说有的同学要割席，不过要先算出席子的面积哦，这是由100个100平方米组成的席子。”

“哇，那是10000平方米呢。”女王算得快，她吐吐舌头，“好大。”

“对，也就是1公顷。”怪怪老师大声喊，“远处的同学们听

到了没有，1公顷就是10000平方米，也就是100个100平方米。”

“听——到——啦！”远处传来一些回答，真是够远的。

皮豆离得近，却还不明白：“怪怪老师，公顷是干啥的？”

“公顷是表示面积的单位呀，比平方米大多了。”博多抢在前面说。

远处胖大力在喊：“皮豆说的什么，我们听不清。”

怪怪老师大声喊：“皮豆问公顷是干啥的，博多抢答说是表示面积的单位。”

“这是个大大的面积单位。”皮豆也大声喊，看起来面积大了真不方便。

“还有比这个更大的面积单位没有啊，怪怪老师？”蜜蜜在一边喊，现在大家说话都要喊。

怪怪老师突然多了个麦克风，这样说话省力多了：“有啊，有啊，大家猜猜看，比1公顷大的面积单位是什么？”

“2公顷！”皮豆想都不想就说。

忽然，传来了雷鸣般的笑声，那是对皮豆的嘲笑。远处的同学担心声音太小皮豆听不到，就使劲笑。

“皮豆，请你严肃些，这是在上课。”女王警告他说。

皮豆很委屈：“难道我说错了吗？2公顷不是比1公顷大，难道还比它小吗？”

博多安慰皮豆说：“你说的倒是没错，可最起码也应该说10公顷、100公顷啊。”

“很好，博多说得对，比1公顷大的常用面积单位就是100公顷。”怪怪老师带头鼓掌，为了让大家都听得到，他用的力气可不小。

蜜蜜张大了嘴巴，愣了好一会儿才弱弱地问：“怪怪老师，1公顷都这么大了，那100公顷得多大呀？是不是我们都看不到人影了？”

“好，我让大家感受一下。”怪怪老师打了个响指，地上的席子瞬间增大，坐在席子上的人之间的距离马上又拉大许多，确实，都看不到旁边的同学了。

“喂，你们还好吗？”皮豆孤零零地坐在一片偌大的席子上，感到

很紧张。

“不好！我看不到你们了。”这是女王的声音，此时真是只闻其声

“博多，你在哪里？”

“我在女王的左边，右边谁也没有。”

“蜜蜜，你呢？”

“我也不知道我在哪里，呜呜呜……”

不见其人了。

怪怪老师及时收招："好了，不吓唬你们了，咱们缩小一下距离，最起码要说话方便。"

蜜蜜重新回到大家身边，脸上还带着泪痕。她拍拍胸口，半天说不出话来。

"刚才就是100公顷，是边长1000米的正方形的面积，也就是1平方千米。"怪怪老师告诉大家。

有了这次难忘的经历，大家想不记住这些面积单位都难。尤其是蜜蜜，这节课学得特别好，还特意按面积单位从小到大排了序：平方厘米、平方分米、平方米、公顷、平方千米。

你知道中国的陆地面积是多少平方千米吗？如果换算成公顷、平方米分别是多少？在面积换算中感受一下祖国的辽阔疆土吧！

第八章
果篮

怪怪老师兴冲冲地拎着一个大花篮进了教室。同学们仔细看看，不是花篮，是果篮。

“怪怪老师，是不是下课后要去医院看望病人啊？”蜜蜜关切地问。

“是看病人，但是不去医院。”怪怪老师高高地举起果篮，“有些同学得了数学恐惧症，还很严重，对数学有恐惧心理、排斥心理、厌倦心理、逃避心理……”

皮豆东张西望：“是谁，快站出来接受慰问了。”

同学们的目光都齐刷刷地看向他。皮豆的心里慌了：“不是吧，你们都看着我干什么？”

“你就认了吧，快快接过果篮，我们大家分享一下美味。”女王毫不客气地对他说。

“我才不要承认呢，你们没听出来吗？怪怪老师刚才说的都是心理上的问题，我自信没有任何心理毛病。”皮豆连连摆手，好像那个果篮会烫着他的手。

怪怪老师皱皱眉头："想不到同学们还很谦让，这么美味的水果都不愿接受。我原以为大家会疯抢呢。"

"怪怪老师，要不，您就自己享用吧。"十一冷冷地说。

"好啊，你们可别后悔。"怪怪老师伸手拿出了一个香蕉，美美地吃起来。

好多同学跟着咽起了口水。

空气中弥漫着水果的香甜，怪怪老师已经在吃杧果了。空气中还弥漫着另一种味道，那是浓烈的后悔味。

胖大力责备皮豆："嗨，你刚才承认不就得了，咱们就能吃上水果了。"

“你愿意得数学恐惧症啊，你怎么不承认？”

“我要是数学差到那种份上，早就承认了。”

“就是，有的人，明明是还不承认。”于果附和道。

“哎呀，真是受不了，这甜味儿直往鼻子里钻，我都想一头扎到果篮里。”胖大力受不了了。

怪怪老师抬起头：“嗯？刚才说什么？一头扎进果篮里？好啊。”

“啊”字还没落音，大家迅速变小，果篮迅速变大。很快，整个教室变成了一个大果篮，同学们站在果篮中间。

这个果篮的四周摆着自动售货机，专门卖水果。看来想像怪怪老师那样随便拿起水果就吃是不可能了，同学们唉声叹气。

“早点儿行动就好了吧，现在没有免费的水果吃了。”

“那可不能怪我，是你们自己对水果不感兴趣的。”怪怪老师还在吃，同学们那个眼馋呀，有的人都开始流口水了。

皮豆不声不响，他在研究这些售货机，发现和学校里那些卖饮料零食的售货机几乎没区别，要是乌鲁鲁来了肯定能有好办法。

自从乌鲁鲁和皮豆特别亲近之后，根本不用连呼三遍乌鲁鲁的名字，

只要皮豆在心里呼唤一句“乌鲁鲁来吧”，乌鲁鲁就会摇着尾巴出现。

果然，花篮外传出乌鲁鲁的叫声，原来他进不来。

皮豆急了，对着乌鲁鲁喊：“跳，使劲往上跳，就能到篮子里来。”

乌鲁鲁退后几步，猛地跳起来，扑进了果篮。

嘭！

“乌鲁鲁，你没事吧？”皮豆关切地问。

乌鲁鲁摸摸头说：“我没事，你问问机器有事没？”

同学们都笑起来，这机器还能怎么样？

博多挨个检查了一遍售货机：“没事，都好好的，没有自动往外吐水果，说明乌鲁鲁没把它们撞傻。”

乌鲁鲁摇头摆尾地凑上去，挨个闻了一遍，摇摇头说：“皮豆，我帮不

了你，这些机器都是整体焊接的，连一条缝都没有，更别说偷拿了。”

“啊？皮豆你想偷水果？你让乌鲁鲁来帮你做贼？”女王大吃一惊，狠狠地瞪了皮豆一眼。

同学们都鄙夷地看着皮豆，怪怪老师也愤怒地看着他。

“我没有啊，只是想让乌鲁鲁看看有没有办法弄水果出来大家一起分享，没让他偷呀。”皮豆吓得脸色都变了，连忙解释。

十一冷冷地说：“不管怎么样，你是动了歪门邪道的心思。”

别人的话也许不会让皮豆这么生气，但他十一凭什么这样说皮豆？

“我跟你很熟吗？我的事要你管吗？你有证据说明我想偷水果吗？你总是凭自己的猜测来判断事情吗？”皮豆说话也有咄咄逼人的时

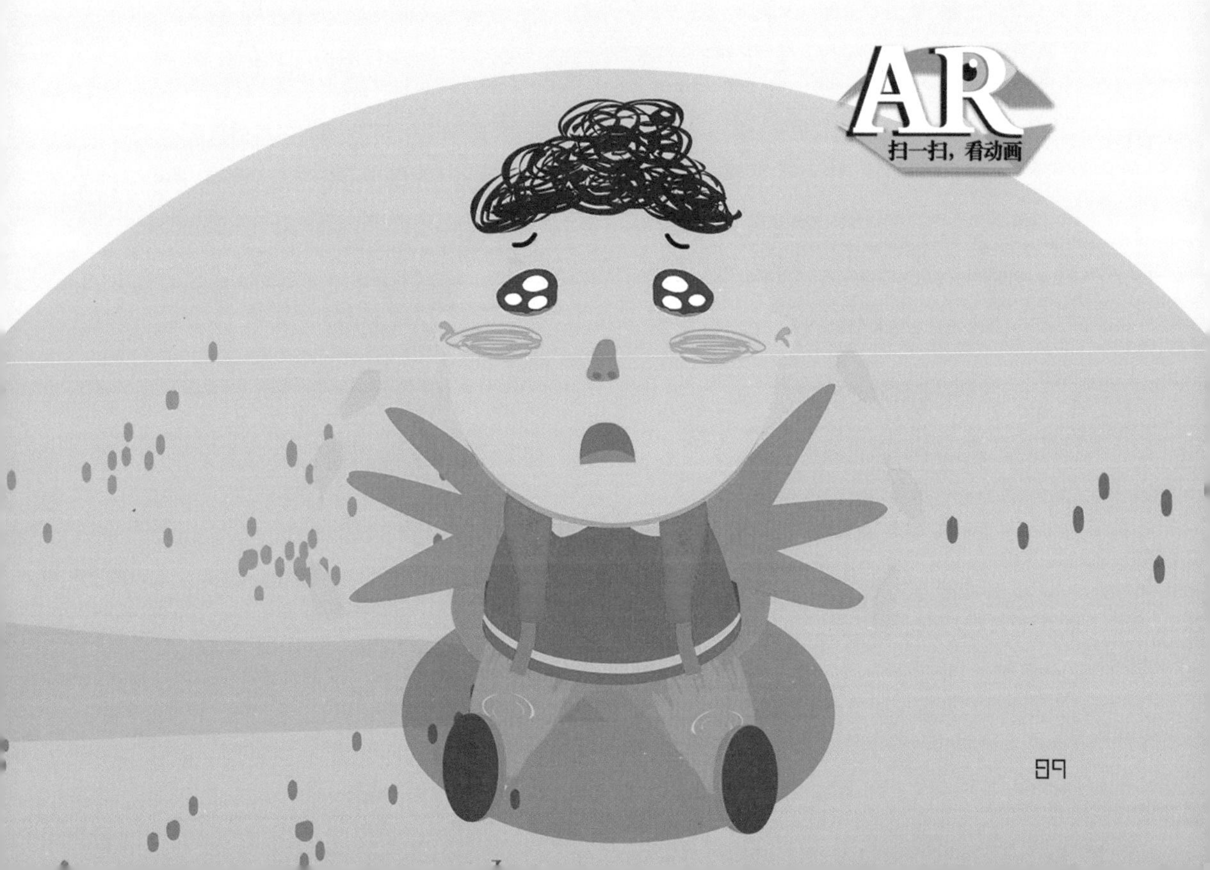

候。十一招架不住，连连后退。

愤怒的皮豆越说越生气：“我抗议，这是对我人格的污染，不，是侮辱；这是对我人权的糟蹋，不，是践踏；这是对我和乌鲁鲁的纯洁友情的毁灭，不，是污蔑；这还是对我们班学生素质的降低，不，是贬低；这也是对我校学生泼矿泉水，不，是泼脏水；这是对咱们这座城市文明程度的陷害，不，是损害；这是对咱们国家……”

“啪啪啪——”怪怪老师鼓起掌来：“皮豆，你也得了我排比句的真传啊！我早就说过，如果我不来教数学，一定会成为一个誉满全球的文学家，唉！”

怪怪老师深情地拥抱了皮豆，同学们都惊呆了。

皮豆从怪怪老师的怀抱里挣扎出来，很显然他的愤怒已经达到了极点，而怪怪老师又给了他极大的勇气，同时也让他感受到前所未有的委屈。

“是啊！”皮豆的拳头砸在机器上，“我原本可以做一个优秀的学生，却被某些人诬陷了。”

售货机突然尖叫起来，还不停地抖动。

皮豆又补了一拳，它才老实了。

“天哪，这里的水果好贵呀。”乌鲁鲁叫道。

大家围过去看，可不是嘛，苹果的价格牌上标着58.4元。

“天价！太坑人了。”博多叫起来。

“等等，我仔细看看。”女王凑近，忽然笑了，“这不是单价呀，这是这台机器里所有苹果的总价。”

怪怪老师的脸上有诡异的笑容，但是瞬间就消失了，谁也没注意到。

“第一次见到用总价卖东西的机器，这会很麻烦的。”蜜蜜很担心地说。

“不好，所有的机器都是这样。”女王挨个看了一遍。

十一冷静地看着大家：“我刚才进来时就观察过了，原本这里的价格都是单价，而且都是整数。现在被某人的拳头改变了，整数的金额成了小数，而且都是总价，一定要除以水果的个数才行。”

“那就快算吧，还等什么？”蜜蜜已经着急了，她喜欢吃枇杷，一直在卖枇杷的机器前站着。

“这个好算，我来帮你吧。”女王热心地靠过来，谁让她和蜜蜜是好朋友呢。

蜜蜜紧张地问：“还没吃呢，你怎么知道这个好酸呢？”

“我是说这个价格好算。”女王指指机器说，“这里只有8个枇杷，总

价是7.2元，一个枇杷多少钱？7.2÷8=0.9。哈，不到一块钱就搞定了。”

蜜蜜还是担心别人来抢着买，摇摇头说：“谢谢你，其实根本不用算，我要把这些枇杷包圆。”

“包圆？包元宵吗？”皮豆问。

女王转身就走：“你不懂，瞎掺和啥，包圆就是都买下来的意思。好吧，我不打枇杷的主意了，去挑阳桃。”

蜜蜜松了口气，拍拍胸口说：“好了，好了，我放心了。我直接把总价钱付了就行了。”说着她从口袋里摸校园卡，可是，根本没有。

与此同时，同学们都叫起来：“天哪，校园卡还在书包里，没带进来。”

许多人失望地坐在篮子底儿，垂头丧气。

皮豆摸摸口袋，唱起来：“啦啦啦，还好我有些钱在身上，买喽，买喽！”

大家都冷冷地看着他，皮豆认为那是羡慕嫉妒恨的眼神，更加得意了。

“皮豆，你高兴得太早了，这个机器是不接受现金的。”乌鲁鲁提醒他。

果然，每台机器上都写着呢，只是皮豆刚才没注意到而已。

“哈哈哈哈，瞧我的。”博多得意地笑着，他的手上是一张校园卡。只有他，在忙乱进果篮时，带了卡。

“博多，先帮我刷卡。”蜜蜜扇动睫毛，讨好博多。

“没问题！愿意为美女效劳。”博多说着，帮蜜蜜买了枇杷。蜜蜜捧到一边，大口地吃起来。“记账哈，回头还你现金。”她边吃边含糊地对博多说。

这个头一开，就刹不住了。同学们都围着博多请他刷卡买水果。

可是博多卡里的钱是有限的，所以大家不可能像蜜蜜那样动不动就包圆。

“每人只能买一个水果，你们挑好我来刷卡。”博多的要求不过分，大家都愿意接受。

“博多，我这里阳桃的总价是17.6元，一共8个，我算好了，17.6÷8=2.2，请帮我买一个，现在就给你2.2元现金。”女王成了第二个客户。

“好咧！”博多很快就完成了交易。

“博多，我这里小凤西瓜的总价是35.4元，有6个，我也算好了：

35.4÷6=5.9，我先欠着你5.9元，回到教室还你。”十一也选好了。

“好嘞！”

“博多，我这里……”

“博多，帮我买……”

“博多……”

看着博多大受欢迎，皮豆心里很不是滋味：“博多，你这是洗钱，我要举报你。”

可惜，他的声音很微弱，同学们都没注意。

只有乌鲁鲁可怜巴巴地陪着他坐在角落，他们都没有水果吃。

怪怪老师又出了一道关于小数点的问题：4元钱8个人平均分，求平均每人分得多少元？皮豆列竖式的时候不知道小数点要点在哪里，你知道吗？

第九章

魔术纸

博多不再傲慢，还主动和皮豆一起分享自己的本领，那就是变魔术。

“魔术人人都会变，可我的魔术有特别之处，全凭一张纸。”博多展示出一张薄薄的白纸。

“不就是一张普通的打印纸吗？A4的吧？”皮豆看不出这张纸有什么特别。

“你再仔细看看，这是普通的纸吗？”

皮豆看了看，摸了摸，摇摇头：“没什么不一样。”

“唉！你是没救了。”博多叹口气说。

“别说没舅了，连姑叔姨也没有。”皮豆嘻嘻地笑。

博多不解：“什么意思？”

“就是没有舅舅，没有姨妈，没有姑姑，没有叔叔呀。我的父母都是独生子女，我哪里还有这些亲戚呀？”皮豆解释说。

“好吧……你睁大眼看这纸，这可是大卫·科波菲尔用过的啊。”博多继续炫耀他的纸，“可以说是魔术之王的纸。”

皮豆再次瞪大眼睛看，还是无果：“不会是人家的手纸吧？对不起，不会是人家的餐巾纸吧？”

“你家的手纸这么硬啊，你家的餐巾纸这么挺括呀？”博多佯装生气，要收回那张纸。

“别，是不是真家伙你试试就知道了，表演一下嘛，是骡子是马拉

出来遛遛。”

“是啊，是啊。”其他同学跟着起哄。

博多得意地笑了：“好吧，那我就露一手给你们看看。”他说着，展开那张纸，请皮豆帮忙捏着纸的两个角，他的双手分别在纸的两面摸索了一下。忽然，纸上出现了立体的画面，奇妙的是，这画还是和这张纸一样的颜色。

“纸雕！”女王惊呼。

“了不起啊！”蜜蜜也跟着惊呼。

博多故意表现出谦虚：“没什么，只不过是雕虫小技而已。”

“雕虫？这画里有树，有房子，有自行车，哪里有虫子啊？你雕的虫子呢？钻到树里去了？”皮豆对成语的认知实在是少。

同学们大笑不止，好半天皮豆才知道自己又出洋相了。这时候，十一说：“我也给大家变个魔术吧。”

说着他也拿出一张纸来，说：“大家看好了，这里是一片青草地。”

“骗人，哪有啊？”蜜蜜说。

“本来是有一片青草的。”皮豆指着纸的中心说。

“草呢？”

“来了一只羊，把草吃完了。”皮豆解释。

“羊呢？”

“来了一只狼，把羊吃了。”皮豆继续编。

“狼呢？”

“来了一个猎人，把狼打跑了。”皮豆忍不住开始笑。

“猎人呢？”

女王抢着回答：“我知道，猎人进山去追狼了。”

皮豆竖起大拇哥：“你真是聪明。”

“切！”大家一起发出不屑的嘘声。

怪怪老师听说博多有张魔术纸，上数学课时，要借过来看看。

那张纸在怪怪老师的手里更加神奇了，能在瞬间

变出不同的形状来，本来平展的一张纸，却能变成三角形、圆形等各种几何图形。待怪怪老师一放手，它竟然还能恢复原形。

“大家还记得长方形的面积怎么计算吗？”怪怪老师晃动着手中的纸问。

同学们齐声回答：“长×宽。”

“很好。”怪怪老师说着，手里的纸又起了变化，长还没有变，宽却被平行着拉斜了，原来的四个直角，变成了两个锐角，两个钝角。

“我知道，这是平行四边形。”博多马上抢答。

“答对了！”怪怪老师投去赞许的目光，“知道它的面积怎么算吗？”

没有人回答了，博多刚升起的得意劲儿又消失了。

“啪！”怪怪老师把手里的纸往地上一摔，博多跟着一声惨叫：“啊，大卫·科波菲尔！”

怪怪老师吓了一跳：“谁，男神在哪儿？”

“不是他本人，这张纸是大卫·科波菲尔送给博多的。”皮豆解释说。

“不不不，是他用过的，不是送给我的，我只是在地上捡到的。”博多实话实说，“看他的演出时捡的。”

再说那张纸落到地上后，直愣愣地站起来了，还长大了，已经有一人多高。这是纸在跟大家变魔术吗?

“我有办法了。”皮豆自告奋勇冲上前去，使劲推了推纸的一条斜边。可惜他的力气不够大，那条斜边纹丝不动。

“平时不锻炼，关键时刻没辙了吧?”十一一个箭步冲上前，使出浑身的力气，但依然没推动。

皮豆摇摇头:“不说我了吧，你也不行。同学们，还愣着干吗，一起来推呀。”

大家一拥而上，集中力量来推这条斜边，终于，把它推回成长方形。

“耶!现在一下子就知道它有多大了。”同学们欢呼，“还不是长乘高嘛。”

怪怪老师笑笑，不说话，只是对着地上的那张白纸动动手指头，大家还没看见他使了什么魔法，那张纸就又成了平行四边形，还忽地长大，一个尖角冲出了教室，并且还在长大。

“太大了，都成泰坦尼克号了。”蜜蜜惊呼。

“不，简直就是航母。”博多对军事也有兴趣，真是博学多才呀。

“大些，再大些。”女王高兴地喊。

“再大些，大些。”同学们也跟着喊，那感觉，就像孙悟空对着定海神针在念咒。

大家趁着这个庞然大物还在长，迅速地爬了上去。现在，不管它长多大，总是在大家的脚下呢。也就是说，大家都在这巨大的白纸上。

白纸除了长大，还变厚了，稳稳地立在地上，跟高楼似的。

“现在，你们还推得动这个平行四边形吗？”怪怪老师得意地笑。

“啊？”同学们这才明白，并不是让这张纸长得越大越好。

“小些，小些。”大家又开始喊了。

女王喊得最卖力：“再小些，再小些。”

可惜晚了，庞然大物已经不听使唤了，屹立不动。

皮豆还想拉着几个同学去推推试试，被博多叫住了：“算了，那是不可能的。”

“就是，即使我们算出了这个平行四边形的面积，以后遇到更大更重的，难道也要去推吗？”女王沉思起来，“我想应该有更好的方法来

计算，还是向怪怪老师请教吧。"

怪怪老师正等着大家向他请教呢，他拿出一支锋利的电锯，吓得同学们纷纷后退："啊，怪怪老师成了电锯狂人。"

"别怕，这是用来切割这个平行四边形的。"怪怪老师连忙把电锯藏到背后。他指了指十一、皮豆和博多："你，你，还有你，你们来帮忙一下，我们给这个平行四边形做个手术。"

"老师，要不要准备血浆啊，手术一般都要备用的。"皮豆的妈妈是医生，皮豆也懂一些皮毛，"我做助手绝对合格，怪怪老师请吩咐吧。"

"暂时不用，让十一爬到右上方那个角上去，从上面往下找出垂直线来，确定切割线。"怪怪老师把期待的目光投向十一。

没想到十一退缩了："我，前几天跑步拉伤了肌肉。"

博多也摇头："我更不行。"

皮豆再次请求："怪怪老师，让我上吧，我练过徒手攀岩呢。"

没办法，只好让他上了。

皮豆还真没辜负大家的希望，很快就攀登上去，找出了一条垂直线。怪怪老师开动电锯，开始切割那个多出的三角形。

"好了，快把切下来的这块推到那边去。"怪怪老师命令大家。

"推不动啊。"大家看着这么大的一个三角形，都畏缩了。

“不试试怎么知道？”皮豆心里有数，一使劲就把那块大三角给举起来了。

“哇！皮豆，你真是大力神呀。”蜜蜜崇拜地说。

皮豆乐了：“你也可以，接着。”说着要抛给蜜蜜。

“我可不行。”蜜蜜吓得往后躲，双手却下意识地接了过去。“咦？怎么这么轻？”

女王走过来：“我也试试。”

大家都试了一遍，才按照怪怪老师的要求，将那个大三角形安放在了平行四边形的另一边。

不大不小，刚好拼成了一个长方形。

女王不愧是班长，最善于总结，她马上意识到了平行四边形和长方形的共性。“我觉得，平行四边形的面积也是长乘高。”

“对，确切地说是底边乘高。”怪怪老师抬手就写字，博多吓得惊叫：“我的纸，大卫·科波菲尔！”

怪怪老师的粉笔落在教室里的黑板上，巨型的航母也好，泰坦尼克号也好，早已不见了。

黑板上只有一个公式：$S=ah$。

“下课！”怪怪老师随着铃声说道。

那张纸，回到博多的手上，完好无缺。

AR 扫一扫，看动画

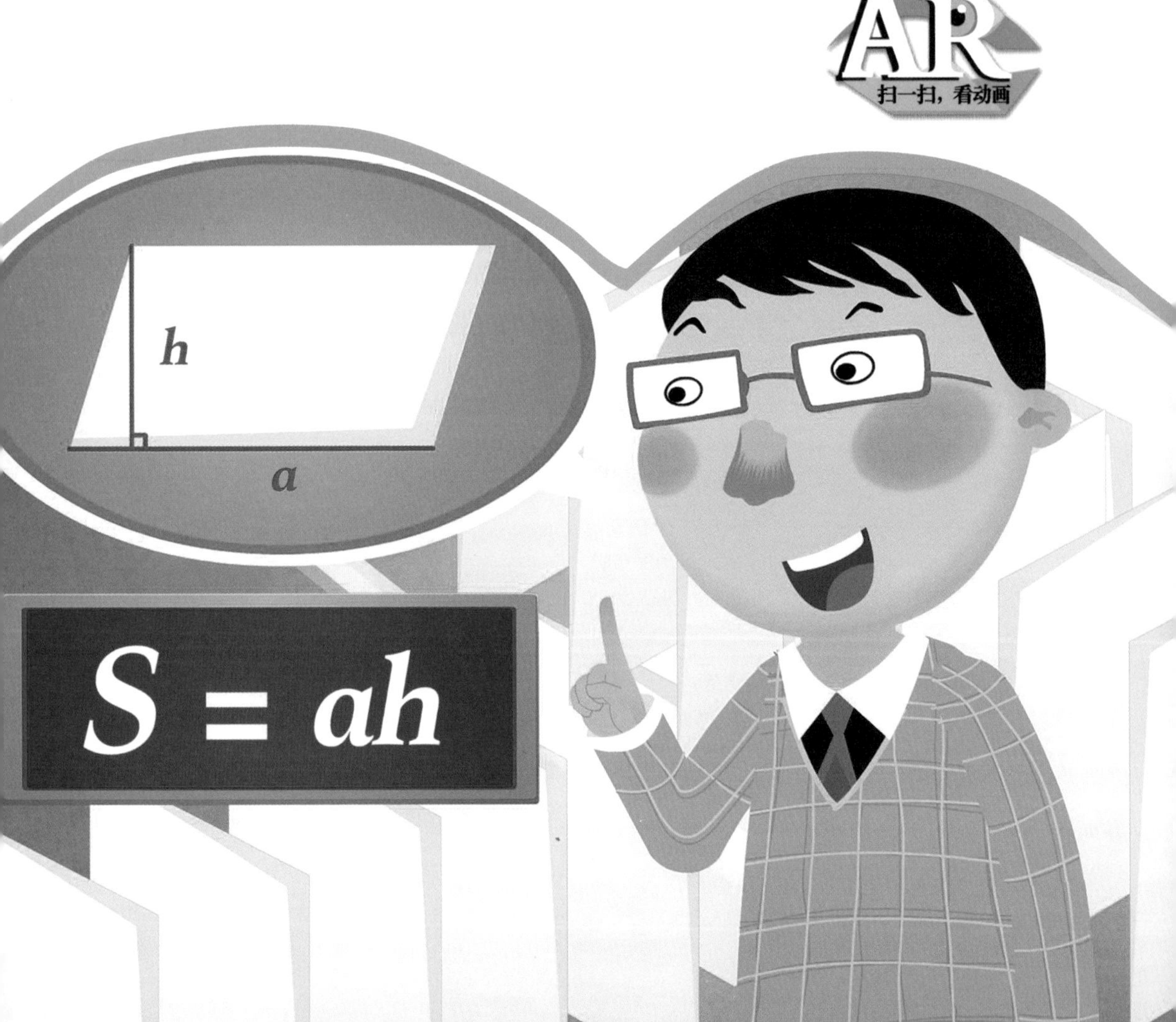

脑力大冒险

拿一张长方形的纸，我们来做跟怪怪老师相反的事情，从底边的一角向上斜着剪，剪到另一个底边。如此多剪几张长方形的纸，多换几个斜度来剪……好了，把你剪下的那些三角接到原来的纸上，当然，是在另一头，让它们变成一个个平行四边形。有没有发现这些平行四边形与之前长方形的关系呢?

第十章

量身定做

最近，皮豆兴趣大转移，恋起家来，天天不愿出门，只喜欢在家里舒舒服服地躺着。

“如果能不上学，我就连家门都不用迈出一步了。”皮豆在课间嘀咕着。

女王听了，生怕他勾起大家不想上学的情绪，忙引开话题说：“皮豆，你天天家啊家的，都快成宅男了吧？”

“不要叫我宅男，请叫我居里夫人。”皮豆一本正经地说。

蜜蜜乐了：“不对吧，你怎么也不能是夫人呀。”

皮豆停了一下，马上改口说：“对对，请叫我居里。”

“那你得把居里夫人气坏。”博多也乐了。

正说着怪怪老师来了，手里还拿着个大盘子：“知道居里夫人是什么人吗？”

“是世界著名科学家！她发现了镭，获得过诺贝尔奖！昨天刚好看到了一个纪录片。咳咳，不说这个了，怪怪老师，我正有事要请教您呢。”皮豆屈身向前，施礼道，“还请老师多多指教！”

怪怪老师被他搞愣了，忙问：“今天如此客气，想必这难题不小吧。但说无妨。”

一转脸，怪怪老师看到女王、蜜蜜和博多都捂着腮帮子。

“怎么？你们一起牙疼啊，这么凑巧？”怪怪老师一直很关心同学们的健康。

“不是，我们是被你们酸倒了。哎哟，哎哟，这个酸哟。”女王夸张地做出被酸坏了的样子。蜜蜜和博多早已忍不住哈哈大笑起来。

博多说：“请你们说话正常些吧。”

“好吧，我还是说普通话吧。”皮豆大度地挥挥手，好像很不在意他们的取笑，“我家的楼房呀，不够漂亮，灰不溜秋的，冬天冷，夏天热，我受够了。”

女王问：“你是想搬家吧，想买新房子去找房地产开发商呀，想买二手房去找房产中介呀，你请教怪怪老师干什么？”

怪怪老师想了想：“也许皮豆想参考一下我的意见吧，比如看在城区哪个位置比较好，哪个楼盘信誉好？”

“不是，不是。”皮豆说，“我想把我们的楼房改变一下。”

“啊？那整幢楼又不都是你家的，你凭什么改变？”蜜蜜胆小怕事，怕皮豆惹出麻烦来。

皮豆有些委屈:“我把楼房变漂亮,他们有什么不乐意的?”

怪怪老师冲大家摆摆手:“同学们,听皮豆说完吧,听听他有什么想法。”

“是这样,我不是蜘蛛侠,没那本事给整幢楼涂颜料。再说,只涂颜料也不能保温,达不到冬暖夏凉的目的。”皮豆拿出一张图纸说,“于是,我就想了个办法,给楼房穿裙子,你们看——”

同学们都瞪大了眼睛,图纸上,穿了裙子的楼房果然漂亮,有一种小清新的感觉。

“皮豆,你太厉害了,我看这裙子还是萝莉风格呢。”蜜蜜看到粉色的裙子,非常开心,“我喜欢,太好了!”

怪怪老师连连点头:“不错的想法,可是要我帮什么忙呢?”

“要做裙子必须有尺寸，我想让老师教我，怎么给楼房测量尺寸。”皮豆诚恳地说。

“啊，从来没见到皮豆如此好学，真是士别三日当刮目相看呀！皮豆，你如此要求进步，令老夫佩服，佩服！”博多抱拳施礼。

蜜蜜和女王都喊牙疼，博多才知道自己也开始酸溜溜地讲话了。

怪怪老师轻笑两声：“好啊，我今天就教给大家如何用工具测量。现在请回到座位上，马上就要打上课铃了！”

“整幢楼的测量太麻烦，我一会儿再讲，现在我们先来量量眼前的吧，比如咱们的教室。”怪怪老师说着，指了指皮豆，“你来说说，用什么办法。”

“用尺子。”女王抢着说，还拿起了自己的直尺。

皮豆乐了：“女王，别开玩笑了，那个直尺才15厘米，最多20厘米，怎么

能量教室呢。得用大尺子，可是我也没有大尺子，就打算用这个。”

皮豆的手里拿着一根跳绳，大家都揶揄他：“喂，这不是体育课，你捣什么乱嘛。”

“不是啊，我是想用这根绳子来量出教室的长宽高各有几根跳绳那么长，然后再用尺子量一下绳子就行了。”皮豆比画着，大家才明白。

怪怪老师点点头：“这个办法不错，可是你看——”他的手上也有绳子，不过是一大卷绳子，而且绳子上有刻度。

“这是测绳，用这个比你用跳绳丈量后再量跳绳的方法要简单多了。”怪怪老师展示给大家看。

“太好了，借给我用用吧。”皮豆扔了自己的跳绳，伸手去拿测绳。

“且慢！”怪怪老师说着，又拿出一件东西，这就是他一进门拿在手里的大盘子。

同学们好奇地盯着看，怪怪老师从盘子里拉出一段扁绳让大家看个仔细。那上面布满了刻度，对应不同的数字，还有两排长度单位：厘米和英寸。

“这个叫作卷尺，你们平时也许看到过小的卷尺，是不锈钢的，现在这个是玻璃纤维和塑料的，用它来量房子的尺寸就方便多了。”怪怪老师说着，收起了测绳，“测绳暂时用不着。”

很快，皮豆在同学们的帮助下，量出了教室的长和宽，可是高怎么量呀？

“自己想办法，需要帮忙说一声。”怪怪老师笑着对他们说。

大家本以为皮豆会请求怪怪老师把他升到天花板上往下量，谁知皮豆请求帮忙的却不是这个事。

“怪怪老师，请帮忙把教室翻转一下，侧过来吧。”皮豆说。

怪怪老师大吃一惊，这不符合常理呀。可是为了给皮豆一个教训，他还是答应帮忙：“忙可以帮，不过后果你要自负呀。”

在同学们的见证下，怪怪老师和皮豆签了契约，那张纸就保存在女王手里。她被大家一致推举为最公正的人。

为了不影响学校里其他班级上课，怪怪老师悄悄地把这个班的教室挪了出去，来到一片空地上。

教室原来所在的位置被抽空了，只怕楼上不能稳固，怪怪老师招来乌鲁鲁，让他变成巨犬，四条腿刚好成了四根支柱支撑住楼上的教室。“记住，我们回来之前，你千万不能离开。”怪怪老师一再强调。

“好吧，好吧，知道了，真啰唆。”乌鲁鲁最怕人家不相信他，“我站着睡觉总可以吧，只要不跑开就行了，对吧？”

“是的。”

空地上，怪怪老师跺了跺脚，教室就像人一样翻了个身，侧卧着了，怪怪老师力气真是大。

但是不好了，教室里的一切东西，包括人都在瞬间躺倒了。同学们快速爬起来，跑出去，还以为是地震了呢。

那些桌椅书本书包讲台，就不用说了，都倾斜到了一个方向，正好压在了原本在教室侧面的窗户上，玻璃稀里哗啦地碎了。

“完了，闯祸了！”皮豆惊呆了。

女王也吓得不知所措：“这如何是好呀！”

博多围着躺倒的教室看，想知道损失有多大。

蜜蜜在一边喃喃自语：“书包呀，书本呀，钢笔呀，桌子呀，椅子呀，你们别怪皮豆哦，他也是好心的……”

“还愣着干什么，已经这样了，谁也没办法，你快去量教室的高度吧。”怪怪老师一句话，提醒了皮豆。是啊，既然损失无法挽回，还是快点儿量出高度。

很快，数据测量出来了，皮豆却怎么也高兴不起来。

“没想到付出这么大的代价，看起来我这种测量方式不好呀。”皮豆跑到一边独自伤心。

“你知道就好。”怪怪老师拍拍他的肩膀说，“幸亏没把你们家那整幢大楼也放倒，想想吧，家里的东西可比教室里的东西复杂多了，还有水电煤气，还有各种家具家电……”

“怪怪老师，别说了，我不该自作主张啊，这是错的。”皮豆说，“请您教我正确的方法吧。”

怪怪老师笑了：“你这么爱学习，我怎么会不教你呢？走，我们去你们家的楼看看。”

女王气喘吁吁地跑过来：“怪怪老师，您别忘了，乌鲁鲁还在支撑着教学大楼呢，别把他累坏了。”

“放心吧，教室已经回去了，乌鲁鲁马上就来。”怪怪老师胸有成竹。

果然，大家刚到皮豆居住的小区，乌鲁鲁就赶过来了，还摇着尾巴表功呢。

“测量在生活中很常用，比如建造房屋、修建公路时都会用到。其实，一般情况，只要在地面上做测量就行了，这没有太大的难度，注意尺子或测绳要拉成直线。”怪怪老师说，“如果真的想给楼房做裙子，需要测量它的高度，可以从楼顶层用测绳向下测量。不过，一般这样的数据都是现成的了——”

博多插嘴说：“我知道，施工设计图纸上就有这些。”

“对，所以测量一般是在施工前做的工作。”怪怪老师说，“如果需要测量的长度太大，就要分段进行了，还会用到标杆。”

“我见过，马路上的测量工人就在用。”于果回答道。

“那好，大家都明白了，我们就——下课！”

“去皮豆家喝茶吧？”博多说。

“好啊。”女王答。

可是，怎么一下子又回到了教室？怪怪老师一脸坏笑地看着大家。

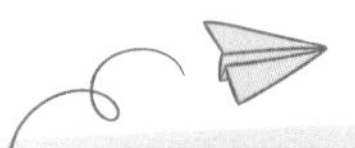

数学故事 4

脑力大冒险

皮豆想给自己的卧室换一个新的窗帘，妈妈说需要他测量一下数据。他的个子不够高，软尺又举不到天花板。如果你是他，会怎么测量呢?

第十一章

顺流逆流

“唉！”皮豆又忍不住叹气了。

“皮豆呀，最近老见你唉声叹气的，怎么了？别说本班长不关心你，有困难找班长！”女王热心地问候皮豆。

皮豆哭丧着脸说：“唉，别提了，我总觉得最近诸事不顺，莫非到了人生的瓶颈？”

“别逗了，你本来就没有什么大的发展，现在何来什么瓶颈？”博多插话说，“人家事业如日中天的人，遇到了困难或者过不去的坎儿，才说瓶颈。”

女王白了博多一眼：“同学有难，八方支援。你倒好，冷言冷语，让人心寒。说点儿好听的行不？”

博多转身拿起自己的保温水杯，打开盖，对着上面的热气说话：“这样行了吧？我说的可都是热乎乎的话了。”

“别闹了，博多，人家皮豆心里不好受，你还开玩笑，真是不顾及人家的感受。”蜜蜜也看不下去了。

“我觉得吧，这种情况应该被称为逆境。也就是说皮豆最近只是不开心的事多了些，比较密集，超出了他的心理承受能力。”女王分析说。

皮豆紧紧地握住女王的手：“班长，女王，真是说到我的心坎儿里去了。我这几天真是干什么都不顺利，喝凉水都塞牙。”

“喝凉水不利于健康哦。”博多又忍不住插嘴，被蜜蜜拉到一边去了。

“好了，我们大家一起帮你想办法吧，不过，请你先放开我的手好吗？要上课了。”女王说着，晃了晃被皮豆紧握着的手。皮豆红了脸，赶紧放手。

这事不知道怎么就被怪怪老师听说了，他关切地向女王询问了具体情况，然后趁着课间找到了皮豆。

“怎么了，小伙子？”怪怪老师尽可能温柔地说，“如果把我当朋友，就应该找我倾诉呀！”

皮豆感到心里热乎乎的，就像倒豆子似的，把最近的一些不如意都告诉了怪怪老师。

怪怪老师边听边点头，最后眯起眼睛沉思起来。皮豆有些失望了：“怪怪老师，你有没有在听我说话呀？”

“当然在听，我想出了好办法帮你。走，咱们出去散散心，去海南旅游。”说着，拉起皮豆就要走。

皮豆被吓住了，虽然他知道怪怪老师做事一向雷厉风行，可这也太突然了吧。

“给个理由先。”皮豆挣扎着不愿去，“这课间才十分钟，我已经倾诉了八分钟，还有两分钟就要上课了，咱们去海南怎么行？”

“哈哈，你忘了我的本事？别说去海南，就是去夏威夷，也没问题。再说下节课是我的数学课，回来还有重要的任务要交给你呢。”怪怪老师说着，一指墙上的挂钟，那指针就停止了转动。

“出发！”匆忙之中，怪怪老师还随手摘下了墙上那个钟。皮豆暗笑，怪怪老师的魔法经常出漏子，他是担心时钟趁他不在的时候继续前进吧。

没容他多想，他们已经通过瞬间挪移来到了海南。皮豆想去三亚亚龙湾，怪怪老师偏不带他去，却带他来到了一座大山下。

“要登山吗？我是冲着海来的。”皮豆有些担心地问。

怪怪老师回头看看身后的大山："不，我们今天没这个工夫。我要给你开个小灶，你可要认真学好了。看那边——"

那边的山上正流下一股清泉，落在山脚下就汇聚成了小溪。

"来，现代鲁滨孙，我们去探险。"怪怪老师招呼皮豆。

皮豆心里暗暗叫苦，却不敢不从。

他们顺着小溪走啊走，慢慢地，河道变宽了，已经是大河了。又走了很久，大河又流入大海。

"大海，我来了！"皮豆很激动，这里海天一色，真是人间仙境。

"继续前进。"怪怪老师命令道。

"再走就到海里了。"皮豆有些怕。

怪怪老师指着左边："我是让你沿着海岸线走。"

转过一个大大的弯，这里的水流湍急，海水也不再清澈。

“啊，旋涡！”皮豆大叫。

“好好看看吧。”怪怪老师用手指点着旋涡。

那个旋涡一会儿朝左转，一会儿朝右转，皮豆看呆了。

“看看这个，想想什么是顺时针。”怪怪老师掏出那只大大的钟。

顺时针当然就是时钟里的指针走的方向了，皮豆想偷偷瞄一眼怪怪老师手里的钟。可是怪怪老师只是瞄了那个钟一眼，就跌坐在沙滩上。

“天哪，我明明让时间静止了，怎么还在前进啊？”怪怪老师用手擦擦钟的表面，以为自己眼花了，可是他越看越失望。

皮豆还算清醒：“怪怪老师，时间不能静止，或许只能放慢脚步。”

“对对，可是它放得不够慢，我们才出来这么一小会儿，它就走了8秒。”怪怪老师擦擦头上的冷汗。

皮豆忙安慰他：“没关系啊，怪怪老师，我们还有110多秒呢，时间足够。看，我已经知道什么是顺时针了，就是这样，这样。”

皮豆抬起胳膊，模仿时针的走向给怪怪老师看。怪怪老师竖起大拇哥：“皮豆，你真是聪明。”

“我也一直觉得自己很聪明，可怎么就是学习不够好呢？”皮豆的烦恼又来了。

“看，旋涡的方向变了。”

皮豆认为怪怪老师是想引开这个话题，就很不情愿地往海里看。

“你看，那些顺时针的旋涡是因为江河里的水流入大海形成的，是顺流。那些逆时针的旋涡是洄游的鱼造成的，它们要逆流而上，回到河里去产卵呢。”怪怪老师完全不理会皮豆的心情，自顾自地讲起来。

突然，皮豆猛然醒悟，自己也是这海水，时而顺流时而逆流。

“怪怪老师，我们亲自到海里感受一下好不好？”皮豆蠢蠢欲动了，恳求怪怪老师。

“这……”怪怪老师看了看皮豆，又看看大海，接着又看看手里的钟，嗯，这一会儿只走动了一秒。

“好吧。”怪怪老师把钟放在沙滩的岩石上，变出一艘小船，自己

先跳了上去。皮豆也紧随其后。

那些或顺或逆的旋涡带着他们的小船不停地旋转，皮豆开心地大笑。

“快闭嘴，会呛水的。”怪怪老师提醒皮豆，自己却呛了一口水。

“比旋转木马还过瘾，比高空秋千还刺激。”直到上了岸，皮豆才敢说话。此时的他，也终于明白一个道理：只要保持清醒，一切都不是问题，怕就怕分不清顺逆。

皮豆对着天空和大海伸出双臂：“啊——”那是一种自信的呐喊。

怪怪老师看着皮豆开心的背影，满意地点点头。

“我们回去吧，怪怪老师。”皮豆主动要求回去上课了。

怪怪老师看看钟，故意夸张地说：“呀，还有90多秒呢，现在回去会不会太早？”

“我想同学们了。”皮豆笑着说。

“是想回去显摆你的本领吧？”怪怪老师点着他的鼻子说。

不等皮豆做好准备，仅仅一秒之后，他们已经站在怪怪老师的办公室里了。怪怪老师挂上钟：“如果我们不马上去教室，就要迟到了。”

时间真是奇妙的东西，从学校到海南来回，再加上在那里待的半天，才不过20秒，可他们从办公室走到教室就用了90秒，也就是一分半钟。

“同学们，今天要学习顺时针和逆时针，但是我不讲，请皮豆同学来讲。”怪怪老师说完，在大家惊讶的目光下，让出了讲台，请皮豆开讲。

皮豆认真地讲了顺时针和逆时针的方向，说了顺流逆流，还说了自己的心情。“咳咳，逆流容易呛水，我最近心情不好，感觉进了逆境。如果有得罪大家的地方，请原谅。”说完，他还深深鞠了一躬。

同学们报以热烈的掌声，都说皮豆讲得好。

怪怪老师坐在皮豆的座位上，认真地听着。突然他举手说：“我有个问题，顺时针和逆时针都是旋转，对吗，皮豆老师？”

皮豆被这个问题吓愣了，他低头犹豫着说：“也许，大概，可能，或

许，兴许，莫非真的……”

“请抬头。”怪怪老师喊道。

皮豆抬起头，看到怪怪老师鼓励的眼神，又看到他嘴角的笑纹，终于肯定地点点头：“是的，都是旋转。”

“那请说说平移吧。”怪怪老师又说，还指了指课本。

皮豆再次紧张起来，他看看课本，突然灵感闪现。

皮豆把课本在讲台上推动，说：“这就是平移。”

掌声响起来，很热烈。

此时，在皮豆的脑海里，出现了他和怪怪老师直接“飞”往海南的情景，这也算是平移吧？等下课问问怪怪老师。

脑力大冒险

请举出日常生活中平移和旋转的例子吧！皮豆可举出了五六个，你是否能赶超他？

第十二章

过关

一个学年转眼就要结束了，同学们都觉得好快。

“有怪怪老师来教我们数学，真是其乐无穷呀。”连皮豆都这么说，他以前可是最头疼这门功课的呀。

“别高兴得太早，以我的经验来看，怪怪老师不会这么轻易给我们放假的。”博多有些担心。

女王悄悄地笑了，没错，昨天怪怪老师交给她一项艰巨的任务，就是检验同学们的数学学习情况。

怪怪老师一进门就说：“今天玩闯关大赛。评判官是女王。”

说着大家就站在一个山洞里。

女王已经化身为冷酷的评判官，走在队伍最前面。

“女王，等等我。”蜜蜜在黑黑的山洞里感到有点儿害怕，去拉女王的

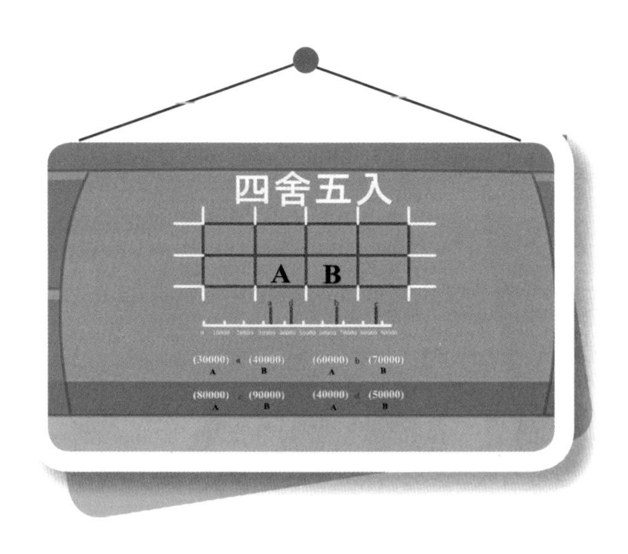

手，谁知女王一伸手，就在地上画出一道光，硬生生地把蜜蜜给隔开了。

蜜蜜感觉很受伤，女王也吃惊地看看自己的手。

“还是抓紧时间闯关吧，再耽误时间何时才能放假啊！”十一已经开始着急了。

女王开始公布每一关的闯关题目。

第一关：四舍五入。

全班没有人犯错，都顺利通过了，那是因为大家都记住了一个口诀：是五大于五向上走，小于五就舍掉留原数。

第二关：近似数。

这个问题上，皮豆被卡住一次，他又在0上面犯了错误。皮豆给女王使眼色，偷偷拍拍自己的口袋，示意那里面有女王爱吃的话梅。

女王果然面带微笑，眼露馋光，就在她准备受贿的一瞬，突然“刷啦”的一声，手中亮起一道光来，各打了皮豆和女王的头一下。

“哎哟，哎哟，别打我呀，不行就不行呗。”皮豆捂着头大叫。

“不不不，不是我，是它自己打的，我也挨打了。看来一定要靠自己的力量过关。”女王连忙解释。

皮豆才不听呢，请蜜蜜帮忙。蜜蜜只在29.1后面加了个0，就顺利过关了。皮豆还不明白，这不是一样吗？29.1和29.10不是相等的吗？

“可是表示的精确数位是不一样的，你忘了？”蜜蜜提醒他。皮豆想起月球上的事来，只怪自己没记住，白挨了一棍子。

大家很快就知道了，女王手里出现的魔法光束，会秉公执法，想作弊比登天还难。

第三关：平行与相交。

这个问题，皮豆永远不会忘记，所以他是第一个过关的，还指挥着几个同学一起顺利通过呢。

“记住，平行的两根线要保持距离相等，这样才不会相交。”皮豆

的话帮助了同学们，大家把他像国王一样拥护着。

女王看了，满心嫉妒，可是没办法，她现在的身份是评判官。

第四关：乘法交换律、结合律、分配律。

刚刚得意几分钟的皮豆就出错了，但是他太好为人师了，还把错误的信息传递给其他同学。

第一道闯关题目是：21×102，需要用简便方法计算。

博多、十一、蜜蜜他们都已经过关，皮豆不慌不忙，在他的拥趸者的簇拥下，迈着方步来到女王跟前。“切，这还不简单？你们谁先来？”皮豆看看题目，没有把握了，他把问题抛给了大家。

“我试试吧。”于果说，“21×102=21×（100+2）=21×100+21×2。”

“嗯，我也是这么想的。”皮豆机敏过人，马上明白了。他抢着说：“21×100=2100，2100+21=2121，2121×2=4242。走，大家跟着我，闯关第一步！”

谁知那个光束连敲皮豆两下，皮豆差点儿被敲蒙了。

“凭什么打我？我自信没有任何错误。”皮豆很不服气。胖大力拉了拉他的衣角，小声说：“头儿，我也看着不对呢。”

“怎么不对？你是不是跟我混的？敢反驳我？走开！”皮豆恼羞成怒了。

胖大力只好接着自己去闯关，他的计算方法是：

$$
\begin{aligned}
& 21\times102 \\
&=21\times(100+2) \\
&=21\times100+21\times2 \\
&=2100+42 \\
&=2142
\end{aligned}
$$

没想到，人家顺利地过关了。

跟着皮豆的那几个同学见状，也都跑了，只剩下皮豆成了光杆司令。

皮豆傻眼了，刚找到的好感觉就这样没了，他是心有不甘啊。

“哼，我皮豆也不是那么笨的，那么就瞧好吧，我是憋足了劲要得第一的。”他一定要想出一个跟别人不一样的方法。终于，他意识到自己先前的错误，开始改正：

$$
\begin{aligned}
& 21\times102 \\
&=(20+1)\times102 \\
&=20\times102+102 \\
&=2040+102 \\
&=2142
\end{aligned}
$$

虽然这个方法不如前面同学的算法简单，但是也通过了关卡，毕竟是皮豆自己想出来的，他很有成就感。

最重要的是他得到了积分奖励，如果积分足够多，再遇到难题的时候可以买通关卡，直接过关。

“我要好好攒积分。”皮豆小心翼翼地收好积分。

第五关：小数的加法和减法。

大多数同学都通过了这一关，因为只要记住把小数点对齐就行了。

可是博多却出错了，被光束敲了脑袋不说，还被关在了门外。原来他把连续减法算错了。

皮豆心满意足，却又同情起博多了。知识渊博如博多，竟然也会出错，可见高手也有犯错的时候啊。

“这叫智者千虑必有一失啊。”十一抱着双臂说。

“我去救他。”皮豆自告奋勇。

十一转身离开了:“我才不去呢。”

皮豆知道，有时博多会笑话自己几句，可那都是开玩笑的，不算什么。

“博多，你忘了？一个数连续减去两个数，等于这个数减去这两个数的和。”皮豆提醒博多，“整数是这样，小数也是这样啊。”

博多如醍醐灌顶，马上醒悟，一下子就做出好几道题，超额完成了任务。

过了关的博多抱住皮豆:“好兄弟，我忘不了你的大恩大德。走，我们一起闯关去！”

能和博多一起并肩战斗，皮豆心里太高兴了:“好，我们强强联手，一定所向披靡。”

蜜蜜笑了:“人家博多是强，你怎么也强了？”

“蜜蜜，别这么说，皮豆不是刚刚帮了我大忙吗，这就是强啊。”博多笑着说。

“就是，我们要团结嘛，蜜蜜，欢迎加入到我们的组合里来。”皮豆很开心。

蜜蜜想了想：“好，我们组成三剑客！”

三剑客现在要去闯第六关了。

第六关：解决实际生活中的小数加减法。

这是蜜蜜的强项，她分别举了几个例子让皮豆和博多解决，就轻松过关了。其他同学羡慕不已，也纷纷结伴组合，共同对付难题。

第七关：24小时计时法。

女王给出以下几道题：

15：30是什么时候？

3：50太阳在什么方向？

22：10你在干什么？

6：30吃晚饭算不算早？

“第一题我知道，15：30是下午3点半。”博多回答对了。

蜜蜜看看第二题：“3：50是后半夜，太阳还没出来呢。”她也答对了。

“好了，都别跟我抢，后面两题我包圆了。”皮豆生怕自己没机会为小组出力，忙摘下题牌，“22：10就是晚上10点多，我已经睡觉了。”

这道题对了，皮豆更加得意，连看都不仔细看下一题就回答：“我们家的晚饭一般都是7点吃的，如果提前到6：30，也不算太早吧，我觉得是可以的。”

说完他满怀信心地一头扎进门去，却被大门咣地一下挡住了，疼得他捂着头哇哇乱叫。

“肯定是错了才这样的。”蜜蜜同情地看着皮豆。

博多想了想说：“6：30是早上，怎么能吃晚饭呢？也太早了吧？”说得大家都笑了，连女王也笑了。

大门打开，蜜蜜和博多扶着还在哎哟叫的皮豆进去了。

第八关：大月小月。

本来博多和蜜蜜都商量好了，皮豆心情不好，就不让他劳神了。谁知皮豆不干了："不是我跟你们抢功，如果这道题很简单，你们就让给我吧，等到有难题的时候，我绝不跟你们争。"

"你还真是舍己为人啊，总是把简单的留给自己，把困难让给别人。"蜜蜜做了个刮鼻子的动作。

皮豆才不在意呢，大叫一声："请出题！"

题目应声而出：请问哪些月有28天？

"天哪，我就说吧，这道题太简单了。答案是：2月有28天！请开门吧。"皮豆自信满满。

但是，门纹丝不动。女王手上的光束又敲打了皮豆的头，皮豆是新伤加旧伤，夸张地大叫起来。

博多笑了:“皮豆你太粗心了,每年12个月,月月都有28天啊。只不过2月刚好28天,其他月还比28天多几天,不仔细看看题目不行啊。”

可不是嘛,皮豆仔细想想,不得不服。

但是因为皮豆回答错误,女王又追加了一题:哪个月只有28天?

皮豆不敢轻易回答了,蜜蜜只好挺身而出:“平年的2月只有28天。”

“这就是我刚才的答案嘛。”皮豆后悔没抢着回答。

女王突然又说:“对不起,刚才的题目过于简单,不算。再出一题:请说出大小月的规律。”

博多说:“上半年单数月是大月,都是31天,除了2月之外的双数月都是30天,下半年除了7月、8月都是大月外,双月是大月,单月是小月。”

大门哗地打开了,皮豆想第一个进去,又不好意思,还是蜜蜜把他拖了进去。

到现在,他们已经比别的同学的闯关速度快了很多。面前是第九关。

第九关:小数乘整数。

这一关没难住他们,连皮豆也没出错。他记得很清楚:先按照整数乘法的计算方法进行计算,再看因数中有几位小数,就从积的右边起,数出几位点上小数点。

第十关:小数乘小数。

皮豆像是忽然开窍了,说:“这个也难不住我,如果小数点前面的数是0,那就越乘越小,结果还没有乘数大。”

“对，就相当于一个数的十分之几或百分之几。”博多说。

那道题目没难倒他们，他们很快就算出来了：1.4×0.01=0.014，顺利过关！

第十一关：小数除以整数。

题目：5.6÷8。

蜜蜜要大显身手，可惜，她也被光束敲了头。她的答案是7。

博多耐心地给她讲解：“5.6还不如6大，根本不够被8整除，所以个位只能是0了，结果是0.7。”

“对对对，还是你厉害。”皮豆和蜜蜜都点头称是。

第十二关：平均数。

“嗨，别提了，这是咱们闹矛盾又和好的桥段啊，我怎么也不会忘记。我知道，拿总分数除以人数，得到的就是平均分数。”皮豆回忆起那些事还有些不好意思呢。

“别说了，都是我不好。”博多也道歉。蜜蜜却抢着去做题了：10个同学共捐款360元，平均每人捐多少？

“360÷10=36。平均每人捐款36元。”随着蜜蜜的话音，这一关又通过了。

那个令人生畏的光束还特意在他们三个头上点了点，他们头上就各多了顶桂冠。

第十三关：平行四边形的面积。

得了桂冠的三人信心十足，更加团结互助了。

“别忘了公式，是底×高。”皮豆嘴里不停地嘀咕。

谁知刚一说完，门就自动打开了，原来只要记住公式就算学会了。

第十四关：认识土地的面积单位。

“我来，我来。”蜜蜜抢着回答，“1平方厘米<1平方分米<1平方米<1公顷<1千平方米。”

“请准确表达面积单位。”门上有语音提示。

蜜蜜又说了一遍，门还是不开。

皮豆发现了问题：“蜜蜜，不是一千平方米，是一平方千米。”

博多也说：“没错，要标准地表达。”

门开了，蜜蜜红着脸跟着他们走进去。

第十五关：用测量工具在地面上测定较短的距离。

皮豆笑着说：“只要给我皮尺、卷尺，我就能量出距离来。”

“给你一个支点，你还能撬起地球呢。”博多说。

“那还得有根足够长的棍子。”皮豆也笑了。

不一样的 数学故事 4

蜜蜜说:“测量的时候要把尺子绷紧哦。”

可能是因为头顶有桂冠的原因吧，他们聊着天，就过关了。

第十六关:正负数。

“我知道，8844米就是指的高山，-300米就是地下或者海底。”皮豆说出自己对正负数的理解。

“我知道，如果93米表示前进了93米，那么-24米就表示后退24米。”蜜蜜也举了个例子。

“我知道，如果45元表示价格上升45元，那么-68元就表示下降68元。”博多也来了一个。

这时，一个宝箱出现在面前，箱子上写着:

“第十七关:平面图形的平移与旋转，顺时针和逆时针。”

“来，我给大家来个平移。”博多面对身后的同学们，表演了一下脚离地三尺的移动。

“我表演旋转。”蜜蜜是学过舞蹈的，这不算什么，她一口气转了好多圈，不晕不喘。

“我们一起表演顺时针。”皮豆提议，他们三个手拉手成圆圈，以女王为圆心开始转，正是时针所走的方向。

同学们鼓掌喝彩，宝箱发出彩光，怪怪老师和乌鲁鲁应声走了出来。

欢呼声再次响起。

怪怪老师一脸坏笑地说：“本学年完美收官，同学们辛苦了，下学期再见！”

把这本书里你的脑力大冒险对错题整理一下，对的是正数，错的是负数，最后看看结果吧，加油！

MAO XIAN
DA JIE MI

冒险大揭秘

第11页：

101

第24页：

大于56.10小于56.15的数都可以。

第36页：

不会。

第58页：

15.03

第71页：

87.00−34.29=52.71

第82页：

9600000平方千米；960000000公顷；9600000000000平方米

第95页：

0.5元。

第107页：

面积相同。

第118页：

只要开动脑筋，办法有很多。比如：

1. 可找一根长竹竿，竖直贴近窗户，做好标记后可用软尺量出窗帘的长度。

2. 可用软尺量旧窗帘。